神州数码网络教学改革合作项目成果教材
神州数码网络认证教材

创建高级交换型互联网实训手册
第3版

主　编　杨鹤男　张　鹏
副主编　闫立国　潘　涛
参　编　包　楠　李晓隆　闫昊伸　吴翰青　石　柳
　　　　葛久平　王义勇

机械工业出版社

本书是《创建高级交换型互联网　第3版》的配套实训教材。本书采用项目实训的方式将多层交换技术理论与神州数码交换机项目实践紧密联系起来，通过实际案例分析，得出在局域网设备中可以采用的技术及需要进行的实施方案，并通过部分提高实验，使学生加深对多层交换理论的理解，同时熟练掌握交换机产品的安装、调试。每个案例都包括知识点回顾、案例目的、应用环境、设备需求、案例拓扑、案例需求、实现步骤、注意事项和排错、案例总结、共同思考、课后练习环节。本书内容翔实、步骤清晰，并且针对重点和难点的步骤给予了特别的解析。

　　本书可作为各类职业院校计算机应用专业和网络技术应用专业的实训教学用书，也可作为交换机和网络维护的工作指导书，还可作为计算机网络工程技术岗位的培训教材。

　　本书配有微课视频，读者可扫描书中二维码进行观看。

　　本书配有电子课件，选择本书作为授课教材的教师可以从机械工业出版社教育服务网（www.cmpedu.com）免费注册后下载或联系编辑（010-88379194）咨询。

图书在版编目（CIP）数据

创建高级交换型互联网实训手册/杨鹤男，张鹏主编．—3版．—北京：机械工业出版社，2021.5（2023.8重印）

神州数码网络教学改革合作项目成果教材　神州数码网络认证教材

ISBN 978-7-111-67948-6

Ⅰ．①创…　Ⅱ．①杨…　②张…　Ⅲ．①互联网络—高等职业教育—教材

Ⅳ．①TP393.4

中国版本图书馆CIP数据核字（2021）第061865号

机械工业出版社（北京市百万庄大街22号　邮政编码100037）

策划编辑：梁　伟　　责任编辑：梁　伟　张星瑶
责任校对：王　欣　　封面设计：鞠　杨
责任印制：单爱军

北京虎彩文化传播有限公司印刷

2023年8月第3版第2次印刷
184mm×260mm · 14印张 · 338千字
标准书号：ISBN 978-7-111-67948-6
定价：45.00元

电话服务　　　　　　　　　　网络服务

客服电话：010-88361066　　　机　工　官　网：www.cmpbook.com

　　　　　　010-88379833　　　机　工　官　博：weibo.com/cmp1952

　　　　　　010-68326294　　　金　书　网：www.golden-book.com

封底无防伪标均为盗版　　机工教育服务网：www.cmpedu.com

前　言

　　本书是神州数码DCNP（神州数码认证高级网络工程师）认证考试的指定教材，对交换型网络的实训案例进行了详细阐述。本书内容涉及网络工程师实际工作中遇到的各种典型问题的实训案例，所教授的技术和引用的案例都是神州数码推荐的设计方案和典型的成功案例。

　　本书根据神州数码多年积累的项目实际应用进行编写，以信息产业人才需求为基本依据，以提高学生的职业能力和职业素养为宗旨，是一本实践性很强的实训教材，对职业院校师生参加各省市及全国职业技能大赛有一定的指导作用。

　　本书由杨鹤男、张鹏任主编，由闫立国、潘涛任副主编，参与编写的还有包楠、李晓隆、闫昊伸、吴翰青、石柳、葛久平、王义勇。

　　本书全体编者衷心感谢提供各类资料及项目素材的神州数码网络工程师、产品经理及技术部的同仁，同时也要感谢与编者合作、来自职业教育战线的教师们，他们提供了大量需求建议，并参与了部分内容的校对和整理工作。

　　本书图标采用神州数码图标库标准图标，除真实设备外，所有图标的逻辑示意如下。

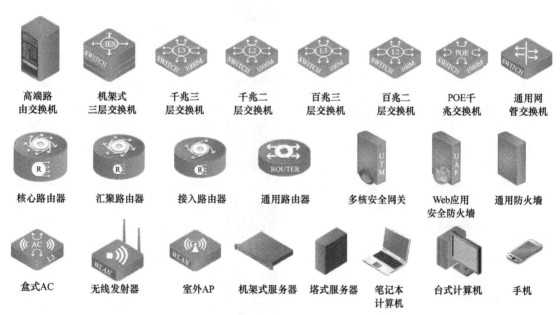

| 高端路由交换机 | 机架式三层交换机 | 千兆三层交换机 | 千兆二层交换机 | 百兆三层交换机 | 百兆二层交换机 | POE千兆交换机 | 通用网管交换机 |

| 核心路由器 | 汇聚路由器 | 接入路由器 | 通用路由器 | 多核安全网关 | Web应用安全防火墙 | 通用防火墙 |

| 盒式AC | 无线发射器 | 室外AP | 机架式服务器 | 塔式服务器 | 笔记本计算机 | 台式计算机 | 手机 |

　　由于编者的经验和水平有限，书中不足之处在所难免，欢迎读者批评指正。

编　者

二维码索引

名称	图形	页码
交换网络现状及发展趋势		1
分层模型		45
VLAN-Trunk		52
端口MAC地址绑定		68
生成树的增强		82
链路聚合		94
静态-动态-VLAN		112
多层交换实现-三层转发		127
多层交换实现-二层转发		199

目　　录 ///

前言

二维码索引

案例1　交换机带外管理.. 1

案例2　交换机的配置模式.. 7

案例3　交换机CLI调试技巧.. 12

案例4　交换机恢复出厂设置及其基本配置.. 16

案例5　使用Telnet方式管理交换机.. 21

案例6　使用Web方式管理交换机.. 28

案例7　交换机文件备份.. 32

案例8　交换机系统升级和配置文件还原.. 37

案例9　交换机BootROM下的升级配置.. 41

案例10　交换机VLAN划分案例.. 45

案例11　跨交换机相同VLAN间通信... 52

案例12　私有VLAN案例... 60

案例13　交换机端口与MAC绑定.. 68

案例14　配置MAC地址表实现绑定和过滤... 74

案例15　二层交换机MAC与IP的绑定... 78

案例16　生成树案例.. 82

案例17　多实例生成树案例.. 87

案例18　交换机链路聚合.. 94

案例19　交换机端口镜像.. 100

案例20　多层交换机VLAN的划分和VLAN间路由.. 104

案例21　使用多层交换机实现二层交换机VLAN之间的路由................................ 112

案例22　多层交换机静态路由案例.. 119

案例23　多层交换机RIP动态路由..127

案例24　多层交换机OSPF动态路由..139

案例25　标准ACL案例...149

案例26　扩展ACL案例...160

案例27　三层交换机MAC与IP的绑定...168

案例28　使用ACL过滤特定病毒报文..172

案例29　交换机DHCP服务器的配置..175

案例30　交换机DHCP中继功能的配置...180

案例31　交换机HSRP案例...185

案例32　交换机VRRP案例...191

案例33　交换机组播三层对接案例...195

案例34　交换机组播二层对接案例...199

案例35　多层交换机QoS案例...203

案例36　MSTP+VRRP案例..208

参考文献..218

案例1 交换机带外管理

1. 知识点回顾

网络设备的管理方式可以简单地分为带外管理（out-of-band）和带内管理（in-band）两种管理模式。带内管理是指网络的管理控制信息与用户网络的承载业务信息通过同一个逻辑信道传送，简而言之，就是占用业务带宽；在带外管理模式中，网络的管理控制信息与用户网络的承载业务信息在不同的逻辑信道传送，也就是设备提供专门用于管理的带宽。

2. 案例目的

➢ 熟悉普通二层交换机的外观。
➢ 了解普通二层交换机各端口的名称和作用。
➢ 了解交换机最基本的管理方式—— 带外管理的方法。

扫码看视频

3. 应用环境

目前很多高端的交换机都有带外网管接口，使网络管理的带宽和业务带宽完全隔离，互不影响，构成单独的网管网。

通过Console口管理是最常用的带外管理方式，通常用户会在首次配置交换机或者无法进行带内管理时使用带外管理方式。带外管理方式是使用频率最高的管理方式。使用带外管理时，可以采用Windows操作系统自带的超级终端程序来连接交换机，也可以采用自己熟悉的终端程序。

Console口：也叫配置口，用于接入交换机内部对交换机进行配置。
Console线：交换机包装箱中的标配线缆，用于连接Console口和配置终端。

4. 设备需求

➢ 交换机1台。
➢ 计算机1台。
➢ 交换机Console线1根。

5. 案例拓扑

将计算机的串口和交换机的Console口用Console线连接，如图1-1所示。

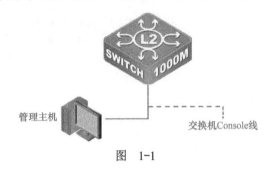

图 1-1

6. 案例需求

1）通过对交换机外观的学习，分析交换机各端口的命名规则。

2）使用Console线来连接交换机的Console口与计算机的串口。

3）使用超级终端进入交换机的配置界面。

7. 实现步骤

1）认识交换机的端口，如图1-2所示。

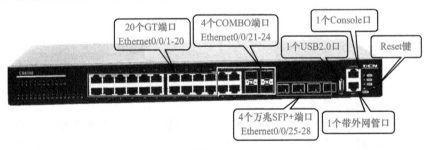

图 1-2

Ethernet0/0/1中的第一个0表示堆叠中的第一台交换机，如果是1，则表示第2台交换机；第2个0表示交换机上的第1个模块（案例使用的交换机没有可扩展模块），最后的1表示当前模块上的第1个网络端口。

Ethernet0/0/1表示用户使用的是堆叠中第一台交换机的第一个网络端口模块上的第一个网络端口。

默认情况下，如果不存在堆叠，则交换机总会认为自己是第0台交换机。

2）连接Console线。

拔插Console线时注意保护交换机的Console口和计算机的串口，不要带电拔插。

3）使用SecureCRT远程工具连入交换机。

① CRT是网络工程师的必备工具，可以配置SSH、Telnet、Serial（串口）等连接到交换机、路由器、服务器等设备。交换机通常使用带外管理（串口登录）来打开SecureCRT，如图1-3所示。

② 执行"file"→"Quick Connect"命令打开快速连接窗口，如图1-4所示。

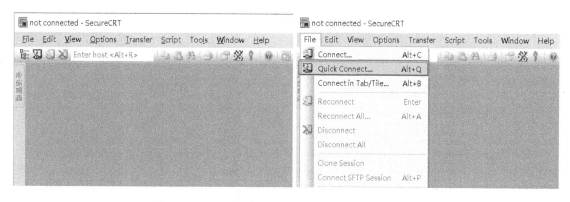

图　1-3　　　　　　　　　　　　　　　　　图　1-4

③ 通过Serial（串口）连接到交换机，选择"Serial"。同时此工具还支持SSH2和Telnet等协议连接设备，如图1-5所示。

图　1-5

④ 在"设备管理器"→"端口（COM和LPT）"中查看串口的端口号，本例是COM3，如图1-6所示。

图 1-6

⑤ 本例Port端口选择COM3，请根据设备管理器里的串口号进行配置，如图1-7所示。

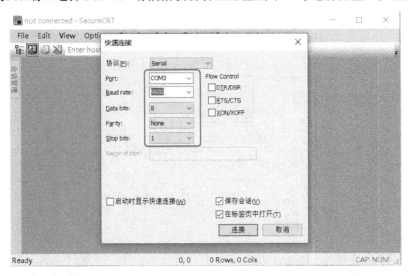

图 1-7

⑥ 交换机的波特率（Baud rate）一般默认是9600，数据位（Data bits）选8，奇偶校验（Parity）选"None"，停止位（Stop bits）选1，数据流控制（Flow Control）不进行选择，单击"确定"按钮后就可以登录交换机了。不同型号的交换机或路由器的波特率有所不同，根据设备说明进行配置，大多数是9600，也有的是115 200。配置好后，直接按<Enter>键就可以进行配置了。

⑦ 使用show running查看当前配置。

switch>enable   !进入特权配置模式（详见案例2）

```
switch#show running-config
Current configuration:
!
  hostname switch
!
vlan1
  vlan1
!
!
Interface Ethernet0/0/1
!
Interface Ethernet0/0/2
!
Interface Ethernet0/0/3
!
Interface Ethernet0/0/4
!
Interface Ethernet0/0/5
!
Interface Ethernet0/0/6
!
Interface Ethernet0/0/7
!
Interface Ethernet0/0/8
!
Interface Ethernet0/0/9
...
Interface Ethernet0/0/27
!
Interface Ethernet0/0/28
!
no login
!
end
switch#
```

8. 注意事项和排错

➢ 拔插Console线时注意保护交换机的Console口和计算机的串口，不要带电插拔。

➢ 设置端口属性时，使用"默认值"。

9. 案例总结

本案例可以让读者正确认识交换机上各端口名称的命名规则，掌握使用交换机Console线连接交换机的Console口和计算机串口的方法以及掌握使用超级终端进入交换机的配置界面的方法。

10. 共同思考

1）认识交换机端口（见图1-8）。

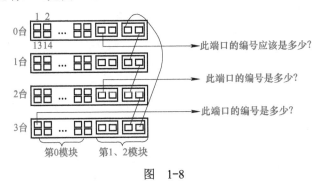

图　1-8

2）现在有很多笔记本计算机上没有串口，应该怎么使用交换机的带外管理？

11. 课后练习

1）如果你的笔记本计算机上没有能连接Console线的串口，那么可以在计算机配件市场上购买一根USB转串口的线缆，在自己的计算机上安装该线缆的驱动程序，使用计算机的USB口对交换机进行带外管理。

2）熟悉常用show 命令。

①show version：显示交换机的版本信息。

②show flash：显示保存在Flash中的文件及大小。

③show arp：显示ARP映射表。

④show history：显示用户最近输入的历史命令。

⑤show rom：显示启动文件及大小。

⑥show running-config：显示当前运行状态下生效的交换机参数配置。

⑦show startup-config：显示当前运行状态下写在Flash Memory中的交换机参数配置，通常也是交换机下次上电启动时所用的配置文件。

⑧show switchport interface：显示交换机端口的VLAN端口模式和所属VLAN号及交换机端口信息。

⑨show interface ethernet 0/0/1：显示指定交换机端口的信息。

案例2　交换机的配置模式

1.　知识点回顾

在案例1中，可以成功地进入交换机的配置界面。看到的配置界面称为CLI（Command Line Interface，命令行界面），和图形界面（GUI）相对应。它由Shell程序提供，由一系列配置命令组成。根据这些命令在配置管理交换机时所起的作用不同，Shell将这些命令进行分类，不同类别的命令对应着不同的配置模式。

2.　案例目的

➢　了解交换机不同的配置模式的功能。
➢　了解交换机不同配置模式的进入和退出方法。

3.　应用环境

命令行界面是交换机调试界面中的主流界面，基本上所有的网络设备都支持命令行界面。国内外主流的网络设备供应商使用很相近的命令行界面，以方便用户调试不同厂商的设备。神州数码网络产品的调试界面兼容国内外主流厂商的界面，和思科命令行接近，便于用户学习。只有少部分厂商使用自己独有的配置命令。

4.　设备需求

➢　交换机1台。
➢　计算机1台。
➢　Console线1根。

5.　案例拓扑

将计算机的串口和交换机的Console口用Console线连接，如图2-1所示。

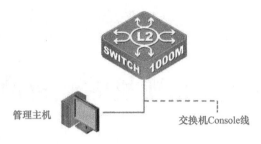

管理主机   交换机Console线

图 2-1

6. 案例需求

1）通过"？"来显示一般用户配置模式的命令。

2）使用"enable"命令进入特权用户配置模式。

3）使用"config terminal"命令进入全局模式。

4）使用"interface ethernet"+端口号命令进入接口配置模式。

5）使用"vlan" + VLAN号命令，进入VLAN配置模式。

7. 实现步骤

1）一般用户配置模式的配置方法。

启动交换机，进入一般用户配置模式，也可以称为">"模式。该模式的命令比较少，使用"？"命令如图2-2所示。

图 2-2

由图2-2可知，在该模式下只有这些命令可以使用。

2）特权用户配置模式的配置方法。

在一般用户配置模式下输入"enable"命令，进入特权用户配置模式。

特权用户配置模式的提示符为"#"，也称为"#"模式。

在特权用户配置模式下，用户可以查询交换机配置信息、各个端口的连接情况、收发数据统计等。进入特权用户配置模式后，可以进入全局模式对交换机的各项配置进行修改，因此进行特权用户配置模式必须设置特权用户密码，防止非特权用户对交换机配置进行恶意修改，造成不必要的损失。命令如图2-3所示。

```
sw>enable
sw#?
Exec commands:
  clear        Reset functions
  clock        Set clock
  cluster      Cluster Exec mode subcommands
  config       Enter configuration mode
  copy         Copy file
  debug        Debugging functions
  disable      Turn off privileged mode command
  dot1x        Configure 802.1X
  enable       Turn on privileged mode command
  exit         End current mode and down to previous mode
  help         Description of the interactive help system
  language     Set language
  no           Negate a command or set its defaults
  ping         Send ipv4 echo messages
  ping6        Send ipv6 echo messages
  rcommand     Run command on remote switch
  reload       Reboot switch
  set          Set
  setup        Run the SETUP command facility
  show         Show running system information
  telnet       Connect remote computer
  terminal     Set terminal line parameters
  test         Debugging functions
  traceroute   Trace route to destination
  traceroute6  Trace route to IPv6 destination
  who          Display who is on vty
  write        Write running configuration to memory or terminal
sw#
```

就绪　　　　　　　　　　Serial:COM1　24，4　24 行，80 列 VT100　　　数字

图 2-3

3）全局配置模式的配置方法。

在特权模式下输入"config terminal""config t"或者"config"，就可以进入全局配置模式。

全局配置模式也称为"config"模式。

switch#config terminal

switch(Config)#

在全局配置模式，用户可以对交换机进行全局性的配置，如静态写入MAC地址表，配置端口镜像，创建VLAN，启动IGMP Snooping、GVRP、STP等。在全局模式下，用户还可以通过命令进入端口，对各个端口进行配置。

下面在全局配置模式下设置特权用户密码。

switch>enable

switch#config terminal　　　　　　　　　　　　！进入全局配置模式，见步骤4

switch(Config)#enable password 8 admin

switch(Config)#exit

switch#write

switch#

验证配置的方法如下：

验证方法1：重新进入交换机。

switch#exit　　　　　　　　　　　　　　　！退出特权用户配置模式

switch>

switch>enable　　　　　　　　　　　　　　！进入特权用户配置模式

Password:*****

switch#

验证方法2：利用show命令进行查看。
switch#show running-config
Current configuration:
!
enable password 8 21232f297a57a5a743894a0e4a801fc3 ! 该行显示了已经为交换机配置了enable密码
    hostname switch
!
!
vlan1
    vlan1
!
!
…   !省略部分显示

4）接口配置模式的配置方法。

switch(Config)#interface ethernet 0/0/1
switch(Config-Ethernet0/0/1)#   ! 已经进入以太端口0/0/1的接口

switch(Config)#interface vlan1
switch(Config-If-vlan1)#   ! 已经进入VLAN1的接口，也就是CPU的接口

5）VLAN配置模式的配置方法。
switch(Config)#vlan 100
switch(Config-vlan100)#

验证配置：
switch(Config-vlan100)#exit
switch(Config)#exit
switch#show vlan

VLAN	Name	Type	Media	Ports	
1	default	Static	ENET	Ethernet0/0/1	Ethernet0/0/2
				Ethernet0/0/3	Ethernet0/0/4
				Ethernet0/0/5	Ethernet0/0/6
				Ethernet0/0/7	Ethernet0/0/8
				Ethernet0/0/9	Ethernet0/0/10
				Ethernet0/0/11	Ethernet0/0/12
				Ethernet0/0/13	Ethernet0/0/14
				Ethernet0/0/15	Ethernet0/0/16
				Ethernet0/0/17	Ethernet0/0/18

| Ethernet0/0/19 | Ethernet0/0/20 |
| Ethernet0/0/21 | Ethernet0/0/22 |

| Ethernet0/0/23 | Ethernet0/0/24 |

100　vlan0100　　Static　　ENET

switch#

！可以看到，已经新增了一个"VLAN100"的信息

6）案例结束后，取消enable密码。

如果不取消enable密码，则下一批的同学将没有办法做案例，因此所有设定的密码都应该在案例完成之后取消，为后面做案例的同学带来方便，这也是一个网络工程师基本的素质。

switch(Config)#no enable password

switch(Config)#

8. 注意事项和排错

➤　特定的命令存在于特定的配置模式下。大家在进行配置时不仅需要输入正确的命令，还需要知道该命令是否是在正确的配置模式下。

➤　当不知道该命令是否正确时，可以使用"？"来查询命令。

9. 案例总结

通过对本案例的学习，读者可以掌握一般用户配置模式和特权用户配置模式的相关命令，并了解全局配置模式、接口配置模式和VLAN配置模式的相关命令，为学好后面的课程夯实基础。

10. 共同思考

1）为什么enable密码在show命令显示时，不是出现配置的密码，而是一些不认识的字符？

2）当不能确定一个命令是否存在于某个配置模式下时，应该怎么查询？

11. 课后练习

1）进入各个配置模式并退出。

2）设置特权用户配置模式的enable密码为"digitalchina"。

3）案例结束后，一定要取消enable密码。

案例3 交换机CLI调试技巧

1. 知识点回顾

CLI（Command Line Interface，命令行界面）和GUI（图形界面）相对应。它由Shell程序提供，由一系列配置命令组成。根据这些命令在配置管理交换机时所起的作用不同，Shell将这些命令进行分类，不同类别的命令对应着不同的配置模式。

2. 案例目的

➢ 熟悉交换机CLI。
➢ 了解基本的命令格式。
➢ 了解部分调试技巧。

3. 应用环境

所有的其他案例都需要使用本案例中所讲述的内容，熟悉本案例，将会对其他案例的操作带来方便。

4. 设备需求

➢ 交换机1台。
➢ 计算机1台。
➢ Console线1根。

5. 案例拓扑

将计算机的串口和交换机的Console口用Console线连接，如图3-1所示。

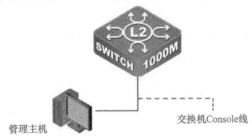

管理主机   交换机Console线

图 3-1

6.　案例需求

1）通过使用"？"，分析帮助功能的使用方法。

2）分析交换机返回信息，检查输入命令正确与否。

3）使用"show""Tab""no"等分析常用命令。

7.　实现步骤

1）"？"的使用。

```
switch#show v?                          ！查看v开头的命令
  version   System hardware and software status
  vlan      vlan information
  vrrp      VRRP information             ！有show version、show vlan和show vrrp
switch#show version                     ！查看交换机版本信息
```

2）查看错误信息。

```
switch#show v                           ！直接输入"show v"，按<Enter>键
% Ambiguous command: "sh v"            ！据已有输入可以产生至少两种不同的解释
switch#
switch#show valn                        ！show vlan写成了show valn
% Invalid input detected at '^' marker.
switch#
```

3）不完全匹配。

```
switch#show ver                 ！应该是show version没有完全输入，但是无歧义即可
SWITCH28 Device, Feb 13 2007 09:22:45
   HardWare version is R01A, SoftWare version is SWITCH28_5.2.1.0, DCNOS version is DCNOS_
V5-7.1.0.0, BootRom version is SWITCH28_1.3.1
   Copyright (C) 2001-2006 by Digital China Networks Limited.
   All rights reserved.
   Uptime is 0 weeks, 0 days, 1 hours, 14 minutes
switch#
```

4）Tab的用途。

```
switch#show v              ！输入"show v"按<Tab>键，出错，因为有show vlan，所以有歧义
% Ambiguous command: "sh v"
switch#show ver
switch#show version         ！输入"show ver"按<Tab>键补全命令
SWITCH28 Device, Feb 13 2007 09:22:45
   HardWare version is R01A, SoftWare version is SWITCH28_5.2.1.0, DCNOS version is DCNOS_
V5-7.1.0.0, BootRom version is SWITCH28_1.3.1
   Copyright (C) 2001-2006 by Digital China Networks Limited.
```

Uptime is 0 weeks, 0 days, 1 hours, 14 minutes

switch#

只有当前命令正确的情况下，才可以使用<Tab>键。也就是说，如果命令没有输全，<Tab>键又没有起作用，则说明当前的命令中出现了错误，或者命令错误，或者参数错误等，需要仔细排查。

5）否定命令"no"。

switch#config　　　　　　　　　　　! 进入全局配置模式
switch(Config)#vlan10　　　　　　　! 创建VLAN10并进入VLAN配置模式
switch(Config-vlan10)#exit! 退出vlan配置模式
switch(Config)#show vlan　　　　　　! 查看VLAN

VLAN	Name	Type	Media	Ports	
1	default	Static	ENET	Ethernet0/0/1	Ethernet0/0/2
				Ethernet0/0/3	Ethernet0/0/4
				Ethernet0/0/5	Ethernet0/0/6

...

| 10 | vlan0010 | Static | ENET | ! 有VLAN10的存在 | |

switch#config

switch(Config)#no vlan 10　　　! 使用no命令删掉VLAN10

switch(Config)#exit
switch#show vlan

VLAN	Name	Type	Media	Ports	
1	default	Static	ENET	Ethernet0/0/1	Ethernet0/0/2
				Ethernet0/0/3	Ethernet0/0/4

...

Ethernet0/0/23　　　　Ethernet0/0/24

switch#　　　　　　　　　　　! VLAN10不见了，已经删掉了

交换机中大部分命令的逆命令都是采用no命令的模式，还有一种模式是相对于enable的disable模式。

6）使用<↑><↓>（上、下光标）键来选择已经输入过的命令来节省时间。

8. 注意事项和排错

➢ 注意使用<Tab>键补全命令的方法。
➢ 主机否定命令"no"的使用。

9．案例总结

通过对本案例的学习，读者可以熟练地使用帮助功能，可以对交换机的输入进行检查，学会使用不完全的匹配功能以及一些常用配置的技巧。

10．共同思考

在对交换机进行配置时，按<Tab>键，为什么不出现补全的命令？

11．课后练习

练习上述交换机的基本配置方法。

案例4 交换机恢复出厂设置及其基本配置

1. 知识点回顾

如果忘记交换机密码，则需断电重启，按住<MODE>键10s左右，进入Rommon模式；长按<MODE>键12s左右，下面的3个灯闪，然后第二和第三个灯变成橙色，松开自动重启（这样会恢复出厂设置）。

2. 案例目的

➤ 了解交换机的文件管理。
➤ 了解什么时候需要将交换机恢复成出厂设置。
➤ 了解交换机恢复出厂设置的方法。
➤ 了解交换机的一些基本配置命令。

3. 应用环境

（1）实际环境下

1）教学楼的交换机坏了，网络管理员把案例楼的一台交换机拿过去先用。这台交换机的配置是按照案例楼的环境设置的，需要改成教学楼的环境，一条一条修改比较麻烦，也不能保证正确，不如将交换机恢复到刚刚出厂的状态。

2）用户正在配置一台交换机，做了很多功能的配置，完成之后发现它不能正常工作。用户检查了很多遍都没有发现错误。排错的难度远远大于重新配置，不如将交换机恢复到刚刚出厂的状态。

（2）案例环境下

上一节网络案例课的同学们刚刚做完案例，已经离去。桌上的交换机他们已经配置过，我通过show run命令发现他们对交换机做了很多配置，有些我能看明白，有些我看不明白。为了不影响我这节课的案例，必须把他们做的配置都删除，最简单的方法就是清空配置。

4. 设备需求

➤ 交换机1台。

➢ 计算机1台。
➢ Console线1根。

5. 案例拓扑

将计算机的串口和交换机的Console口用Console线连接，如图4-1所示。

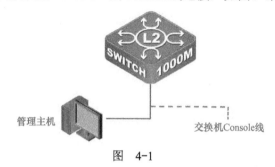

管理主机

交换机Console线

图 4-1

6. 案例需求

1）先给交换机设置enable密码，确定enable密码设置成功。
2）对交换机做恢复出厂设置，重新启动后发现enable密码消失，表明恢复成功。
3）使用"show flash"命令显示内容。
4）使用"clock set"命令显示内容。
5）使用"hostname"命令显示内容。
6）使用"language"命令显示内容。

7. 实现步骤

1）为交换机设置enable密码（详见案例2）。

```
switch>enable
switch#config t                              ！进入全局配置模式
switch(Config)#enable password 8 admin
switch(Config)#exit
switch#write
switch#
```

验证配置的方法如下：

验证方法1：重新进入交换机。

```
switch#exit                                  ！退出特权用户配置模式
switch>
switch>enable                                ！进入特权用户配置模式
Password:*****
```

switch#

验证方法2：利用show命令进行查看。

switch#show running-config

Current configuration:

!

enable password 8 21232f297a57a5a743894a0e4a801fc3 ! 该行显示了已经为交换机配置了enable密码

　　hostname switch

!

!

vlan1

　　vlan1

!

!

…   !省略部分显示

2）清空交换机的配置。

switch>enable   ! 进入特权用户配置模式

switch#set default   ! 使用set default 命令

Are you sure? [Y/N] = y   ! 是否确认？

switch#write   ! 清空startup-config文件

switch#reload   ! 重新启动交换机

Process with reboot? [Y/N] y

验证测试方法如下：

验证方法1：重新进入交换机。

switch>

switch>enable

switch#   ! 已经不需要输入密码就可以进入特权模式

验证方法2：利用show命令进行查看。

switch#show running-config

!

no service password-encryption

!

hostname switch   ! 已经没有enable密码显示了

!

vlan1

　vlan1

!

…   ! 省略部分显示

3）show flash命令。

```
switch#show flash
config.rom        452,636 1900-01-01 00:00:00 --SH
boot.rom          1,502,012 1900-01-01 00:00:00 --SH
nos.img           4,441,705 1980-01-01 00:05:44 ----          ！交换机软件系统
nos.img.ecc       156,175 1980-01-01 00:04:36 ----
boot.conf         255 1980-01-01 00:00:00 ----
boot.conf.ecc     25 1980-01-01 00:00:00 ----
startup-config24 1980-01-01 00:02:08 ----            ！启动配置文件
switch#
```

4）设置交换机系统日期和时钟。

```
switch#clock set ?                           ！使用"？"查询命令格式
HH:MM:SS  Hour:Minute:Second
switch#clock set 15:29:50                     ！配置当前时间
Current time is MON JAN 01 15:29:50 2001      ！配置完即有显示，注意年份不对
switch#clock set 15:29:50 ?                   ！使用"？"查询，原来命令没有结束
YYYY.MM.DD  Year.Month.Day
<CR>
switch#clock set 15:29:50 2009.02.25          ！配置当前年月日
Current time is WED FEB 25 15:29:50 2009      ！正确显示
```

验证配置：

```
switch#show clock                             ！再用show命令验证
Current time is WED FEB 25 13:25:39 2009
switch#
```

5）设置交换机命令行界面的提示符（设置交换机的名称）。

```
switch#
switch#config
switch(Config)#hostname SWITCH28             ！配置姓名
SWITCH28(Config)#exit                         ！无须验证，即配即生效
SWITCH28#
SWITCH28#
```

6）配置显示的帮助信息的语言类型。

```
SWITCH28#language ?
chinese  Set language to Chinese
english  Set language to English
SWITCH28#language chinese
SWITCH28#language ?                           ！请注意再使用"？"时，帮助信息已经成了中文
    chinese   设置语言为中文
    english   设置语言为英语
```

8. 注意事项和排错

> 恢复出厂设置set default后一定要write，重新启动后生效。
> 在以上几个命令中，hostname命令是在全局配置模式下配置的。

完整配置文档：
SWITCH28#show running-config
!
no service password-encryption
!
hostname SWITCH28   !上述的配置只有hostname命令在show run中可以显示
!
!
vlan1
!
Intcrfacc Ethcrnet0/0/1
!
Interface Ethernet0/0/2
!
…   !省略部分
Interface Ethernet0/0/28
!
no login
!
End
SWITCH28#

9. 案例总结

通过对本案例的学习，读者学会了对交换机进行恢复出厂设置，避免了因看不懂交换机之前的配置而需要逐条删除命令的麻烦。将交换机恢复到刚刚出厂的状态，就能按照自己的思路进行配置，也能更清楚地了解自己的配置是否生效、是否正确。

10. 共同思考

怎样才能将startup-config文件和running-config文件保持一致？

11. 课后练习

1）请为交换机设置enable密码为digitalchina。
2）请把交换机的时钟设置为当前时间。
3）请把交换机的名称设置为digitalchina-lsw。
4）请把交换机的帮助信息设置为中文。
5）请把交换机恢复到出厂设置。

案例5　使用Telnet方式管理交换机

1. 知识点回顾

Telnet协议是TCP/IP协议族中的一员，是Internet远程登录服务的标准协议和主要方式。它为用户提供了在本地计算机上完成远程主机工作的能力。在终端使用者的计算机上使用Telnet程序，用它连接到服务器。终端使用者可以在Telnet程序中输入命令，这些命令会在服务器上运行，就像直接在服务器的控制台上输入一样。要开始一个Telnet会话，必须输入用户名和密码来登录服务器。Telnet是常用的远程控制Web服务器的方法。

2. 案例目的

➢ 了解带内管理。
➢ 熟练掌握使用Telnet方式管理交换机的方法。

3. 应用环境

学校有20台交换机支撑着校园网的运营，这20台交换机分别放置在学校的不同位置。网络管理员需要对这20台交换机进行管理，若通过带外管理的方式（也就是通过Console口）去管理，则管理员需要捧着自己的笔记本计算机，并且带着Console线去学校的不同位置调试每台交换机，十分麻烦。通过Telnet方式，管理员可以坐在办公室中调试全校所有的交换机。

4. 设备需求

➢ 交换机1台。
➢ 计算机1台。
➢ Console线1根。
➢ 直通网线1根。

5. 案例拓扑

案例拓扑图如图5-1所示。

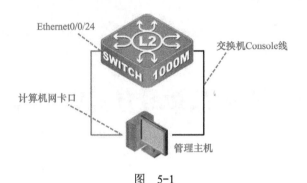

Ethernet0/0/24

交换机Console线

计算机网卡口

管理主机

图　5-1

6. 案例需求

1）按照图5-1搭建网络。

2）让计算机和交换机的24口用网线相连。

3）将交换机的管理IP地址设置为192.168.1.100/24。

4）将计算机网卡的IP地址设置为192.168.1.101/24。

5）限制可通过Telnet管理交换机的IP地址仅为192.168.1.101。

7. 实现步骤

1）将交换机恢复出厂设置，设置正确的时钟和标识符（详见案例4）。

switch#set default

Are you sure? [Y/N] = y

switch#write

switch#reload

Process with reboot? [Y/N] y

switch#clock set 14:04:39 2009.02.25

Current time is WED FEB 25 15:29:50 2009

switch#

switch#config

switch(Config)#hostname SWITCH

SWITCH(Config)#exit

SWITCH#

2）给交换机设置IP地址（即管理IP）。

SWITCH#config

SWITCH(Config)#interface vlan 1　　　　　　！进入VLAN1接口

Feb 25 14:06:07 2009: %LINK-5-CHANGED: Interface vlan1, changed state to UP

SWITCH(Config-If-vlan1)#ip address 192.168.1.100 255.255.255.0　！配置地址

SWITCH(Config-If-vlan1)#no shutdown　　　　！激活VLAN接口

SWITCH(Config-If-vlan1)#exit

SWITCH(Config)#exit

SWITCH#

验证配置：

SWITCH#show run

!

no service password-encryption

!

hostname SWITCH

!

vlan 1

!

Interface Ethernet0/0/1

...

Interface Ethernet0/0/28

!

interface vlan1

　　interface vlan 1

　　ip address 192.168.1.100 255.255.255.0！已经配置好交换机IP地址

!

no login

!

end

SWITCH#

3）为交换机设置授权Telnet用户。

SWITCH#config

SWITCH(Config)#telnet-server enable

Telnetd already enabled.

SWITCH(Config)#telnet-user dcn password 7 12345678

SWITCH(Config)#exit

SWITCH#

验证配置：

SWITCH#show run

!

no service password-encryption

!

hostname SWITCH

!

telnet-user dcn password 7 ceb8447cc4ab78d2ec34cd9f11e4bed2

!

```
vlan 1
!
Interface Ethernet0/0/1
…
Interface Ethernet0/0/28
!
interface vlan1
 ip address 192.168.1.100 255.255.255.0
!
no login
!
end
SWITCH#
```

4）配置主机的IP地址。本案例中的主机的IP地址要与交换机的IP地址在一个网段，如图5-2所示。

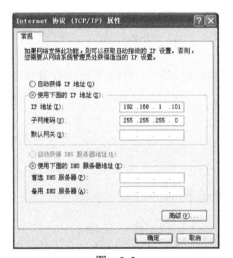

图 5-2

验证配置：在计算机的DOS命令行中使用ipconfig命令查看IP地址配置，如图5-3所示。

图 5-3

5）验证主机与交换机是否连通。

验证方法1：在交换机中ping主机。

SWITCH#ping 192.168.1.101

Type ^c to abort.

Sending 5 56-byte ICMP Echos to 192.168.1.101, timeout is 2 seconds.

!!!!!

Success rate is 100 percent (5/5), round-trip min/avg/max = 1/1/1 ms

SWITCH#

很快出现5个"!"表示已经连通。

验证方法2：在主机DOS命令行中ping交换机，出现以下显示表示连通，如图5-4所示。

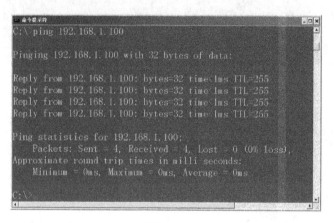

图　5-4

6）使用Telnet登录。

打开微软视窗系统，执行"开始"→"运行"命令，运行Windows自带的Telnet客户端程序，并且指定Telnet的目的地址，如图5-5所示。

需要输入正确的登录名和密码，登录名是dcn，密码是12345678，如图5-6所示。

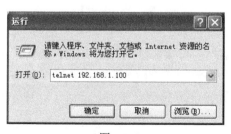

图　5-5

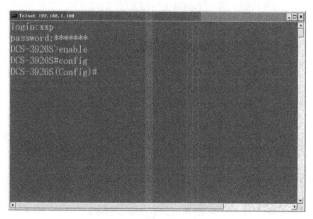

图　5-6

可以对交换机做进一步配置，本案例完成。

7）限制Telnet客户端登录地址。

SWITCH(Config)#telnet-server securityip 192.168.1.101

SWITCH(Config)#

验证配置：

计算机使用192.168.1.101 Telnet交换机，可登录；

修改计算机的IP为非192.168.1.101时，结果如图5-7所示。

图 5-7

8. 注意事项和排错

> 在默认情况下，交换机所有端口都属于VLAN1，通常把VLAN1作为交换机的管理 VLAN，因此VLAN1接口的IP地址就是交换机的管理地址。
> 密码只能是1~8个字符。
> 删除一个Telnet用户，可以在config模式下使用no telnet-user命令。

9. 完整配置文档

完整配置文档如下：

SWITCH#show running-config

!

no service password-encryption

!

hostname SWITCH

!

telnet-server securityip 192.168.1.101

telnet-user dcn password 7 ceb8447cc4ab78d2ec34cd9f11e4bed2

!

vlan1

!

Interface Ethernet0/0/1

...

```
Interface Ethernet0/0/28
!
interface vlan1
 ip address 192.168.1.100 255.255.255.0
!
no login
!
end
```

10. 案例总结

Telnet方式和案例6中的Web方式都是交换机的带内管理方式。

带内管理方式可以使连接在交换机中的某些设备具备管理交换机的功能。当交换机的配置出现变更导致带内管理失效时，必须使用带外管理对交换机进行配置管理。

11. 共同思考

1）三层交换机的IP地址可以配置多少个，为什么？

2）能不能为VLAN 2配置IP地址？

3）telnet-user dcn password 7 12345678中把"7"换成"0"会出现什么现象？

12. 课后练习

1）删除dcn用户（不准用set default）。

2）设置交换机的管理IP地址为10.1.1.1 255.255.255.0。

3）使用用户名aaa、密码bbb，并且选择"0"作为参数配置Telnet功能。

案例6　使用Web方式管理交换机

1. 知识点回顾

Web方式也叫作HTTP方式，和Telnet方式一样，管理员可以坐在办公室中调试全校所有的交换机。

2. 案例目的

➢ 熟练掌握如何为交换机设置Web方式管理。
➢ 熟练掌握如何进入交换机Web管理方式。
➢ 了解交换机Web配置界面，并能进行部分操作。

3. 应用环境

Web 方式比较简单，如果用户不习惯于CLI界面的调试，则可以采用Web 方式调试。主流的调试界面还是CLI界面，推荐大家着重学习CLI界面。

4. 设备需求

➢ 交换机1台。
➢ 计算机1台。
➢ Console线1根。
➢ 直通网线1根。

5. 案例拓扑

案例拓扑图如图6-1所示。

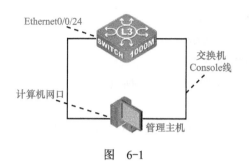

图 6-1

6. 案例需求

1）按照图6-1搭建网络。
2）用网线将计算机和交换机的24口相连。
3）将交换机的管理IP地址设置为192.168.1.100/24。
4）将计算机网卡的IP地址设置为192.168.1.101/24。

7. 实现步骤

1）将交换机恢复出厂设置，设置正确的时钟和标识符（详见案例4）。
2）给交换机设置IP地址（即管理IP）。

switch#config

switch(Config)#interface vlan1   ！进入VLAN1接口

Feb 25 14:06:07 2009: %LINK-5-CHANGED: Interface Vlan1, changed state to UP

switch(Config-If-vlan1)#ip address 192.168.1.100 255.255.255.0 ！配置地址

switch(Config-If-vlan1)#no shutdown   ！激活VLAN接口

switch(Config-If-vlan1)#exit

switch(Config)#exit

switch#

3）启动交换机Web 服务。

switch#config

switch(Config)#ip http server

web server is on ！表明已经成功启动

switch(Config)#

4）设置交换机授权HTTP用户。

switch(Config)#username dcn privilege 15 password 7 12345678

switch(Config)#

5）配置主机的IP地址。本案例中主机的IP地址要与交换机的IP地址在同一个网段（详见案例5）。

配置主机的IP地址为192.168.1.101。

6）验证主机与交换机是否连通（详见案例5）。

验证方法1：在交换机中ping主机。

验证方法2：在主机DOS命令行中ping交换机。

7）使用HTTP登录。

打开微软视窗系统，执行"开始"→"运行"命令，指定目标，如图6-2所示。

图　6-2

需要输入正确的登录名和密码，登录名是dcn，密码是12345678，如图6-3所示。

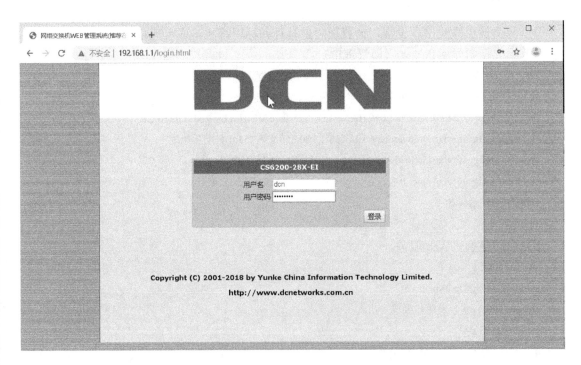

图　6-3

交换机Web调试界面的主界面如图6-4所示。

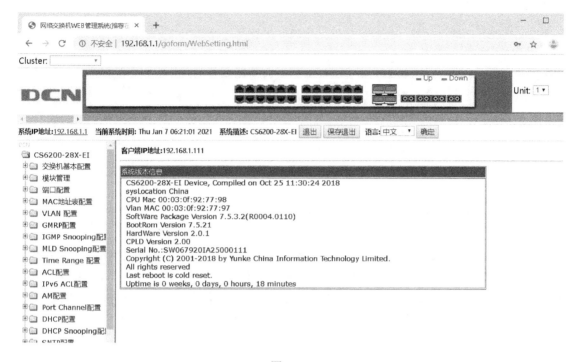

图 6-4

8. 注意事项和排错

➤ 使用Telnet和Web方式调试有以下两个相同的前提条件：①交换机开启该功能并设置用户；②交换机和主机之间能ping通。

➤ 有时交换机的地址配置正确，主机配置也正确，却ping不通。排除硬件问题之后，可能的原因是主机的Windows操作系统有防火墙，关闭防火墙即可。

9. 案例总结

Web界面管理方式是交换机的带内管理方式。对于不习惯使用CLI界面调试的用户来说，采用Web方式调试是一个很好的选择。

10. 共同思考

1）如何关闭Web服务？
2）如何删除Web用户？

11. 课后练习

1）重新配置一个Web用户。
2）在Web界面下找出前几个案例中的配置命令所在的位置，并修改配置。

案例7　交换机文件备份

1. 知识点回顾

TFTP（Trivial File Transfer Protocol）和FTP（File Transfer Protocol）都是文件传输协议，在TCP/IP协议族中处于第4层（即属于应用层协议），主要用于主机之间、主机与交换机之间传输文件。它们都采用客户机-服务器模式进行文件传输。

2. 案例目的

➤ 了解交换机的文件备份。
➤ 了解TFTP服务器的用法以及备份的命令。
➤ 了解TFTP服务器和FTP服务器使用的不同场所。
➤ 了解文件上传。

3. 应用环境

对交换机做好相应的配置之后，管理员会把运行稳定的配置文件和系统文件从交换机里复制出来并保存在稳妥的地方，防止交换机故障导致配置文件丢失。

有了保存的配置文件和系统文件，在交换机被清空之后，可以直接把备份的文件下载到交换机上，避免重新配置的麻烦。

交换机文件的备份需要采用TFTP服务器（或FTP服务器），这也是目前最流行的上传/下载的方法。

4. 设备需求

➤ 交换机1台。
➤ 计算机1台、TFTP Server 1台（1台计算机也可以，既作为调试机又作为TFTP服务器）。
➤ Console线1根。
➤ 直通网线1根。

5. 案例拓扑

案例拓扑图如图7-1所示。

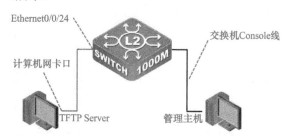

图 7-1

6. 案例需求

1）按照图7-1搭建网络。

2）用网线将计算机和交换机的24口相连。

3）将交换机的管理IP地址设置为192.168.1.100/24。

4）将计算机网卡的IP地址设置为192.168.1.101/24。

7. 实现步骤

1）配置TFTP服务器。

市场上的TFTP服务器软件有很多，每种软件虽然界面不同，但是功能都是一样的，使用方法也类似：首先是安装TFTP软件（有些软件连安装都不需要），安装完毕之后设定根目录，需要使用时，开启TFTP服务器即可。

市场上比较流行的几款TFTP服务器如图7-2所示。

图 7-2

下面以第一种TFTP服务器为例进行介绍。Tftpd32.exe简单易学，它甚至不需要安装就能使用（后两者需要安装）。

双击Tftpd32.exe，弹出TFTP服务器的主界面，如图7-3所示。

在主界面中看到该服务器的根目录是E:\，服务器的IP地址也自动出现在第二行：192.168.1.101。

可以更改根目录到需要的任何位置，单击"Browse"按钮进行设置，单击"OK"按钮进行保存。此时，TFTP服务器就已经配置好了。可以将它最小化到右下角的工具栏中。

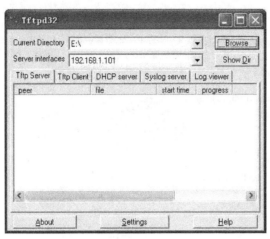

图 7-3

2）给交换机设置IP地址（即管理IP）。

switch(Config)#interface vlan1　　　　　! 进入VLAN1接口

switch(Config-If-vlan1)#ip address 192.168.1.100 255.255.255.0

switch(Config-If-vlan1)#no shutdown　　　! 激活VLAN接口

switch(Config-If-vlan1)#exit

switch(Config)#exit

switch#

3）验证主机与交换机是否连通。

switch#ping 192.168.1.101

Type ^c to abort.

Sending 5 56-byte ICMP Echos to 192.168.1.101, timeout is 2 seconds.

!!!!!　　　　　　　　　　　! 5个感叹号表示5个包都ping通了

Success rate is 100 percent (5/5), round-trip min/avg/max = 1/1/1 ms

switch#

4）查看需要备份的文件。

switch#show flash

config.rom　　　　　　　　452,636 1900-01-01 00:00:00 --SH

boot.rom　　　　　　　　1,502,012 1900-01-01 00:00:00 --SH

nos.img　　　　　　　　4,441,705 1980-01-01 00:05:44 ----

nos.img.ecc　　　　　　　156,175 1980-01-01 00:04:36 ----

boot.conf　　　　　　255 1980-01-01 00:00:00 ----

boot.conf.ecc　　　　25 1980-01-01 00:00:00 ----

startup-config　　　　855 1980-01-01 00:20:04 ----

switch#

5）备份配置文件。

switch#copy startup-config tftp://192.168.1.101/startup1.txt

Confirm [Y/N]:y

Begin to send file, please wait...

File transfer complete.

close tftp client.

switch#

验证是否成功的方法如下。

①查看TFTP服务器的日志，如图7-4所示。

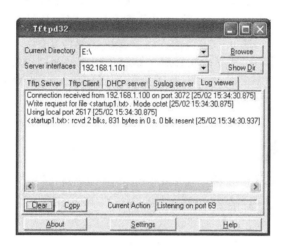

图　7-4

②到TFTP服务器根目录查看文件是否存在，大小是否一样。

6）备份系统文件。

switch#copy nos.img tftp://192.168.1.101/nos.img

Confirm [Y/N]:y

Begin to send file, please wait...

##

##

##

##

###############

file transfers complete.

close tftp client.

switch#

8. 注意事项和排错

➢ Copy命令中，startup-config文件名要输入全称。

➢ Tftpd32.exe和CISCO TFTP Server只支持TFTP，不支持FTP。

➢ 如果TFTP和交换机之间ping不通，则需要检查TFTP服务器防火墙是否开启。

9. 案例总结

TFTP承载在UDP之上，提供不可靠的数据流传输服务，同时也不提供用户认证机制以及根据用户权限提供对文件操作的授权。它通过发送包文、应答方式，加上超时重传方式来保证数据的正确传输。TFTP相对于FTP的优点是提供简单的、开销不大的文件传输服务。

FTP承载于TCP之上，提供可靠的面向连接数据流的传输服务，但它不提供文件存取授权以及简单的认证机制（通过明文传输用户名和密码来实现认证）。FTP在进行文件传输时，客户机和服务器之间要建立两个连接：控制连接和数据连接。首先由FTP客户机发出传送请求，与服务器的21号端口建立控制连接，通过控制连接来协商数据连接。

由此可见，两种方式不同的特点有其不同的应用环境，局域网内备份和升级可以采用TFTP方式，广域网中备份和升级则最好使用FTP方式。

10. 共同思考

交换机文件备份、交换机升级、交换机配置还原、文件上传、文件下载这5个术语代表的含义以及相互的关联是怎样的？

11. 课后练习

使用各种TFTP软件进行TFTP或者FTP的文件备份。

案例8 交换机系统升级和配置文件还原

1. 知识点回顾

文件上传对应文件备份，文件下载对应系统升级和文件还原。上传和下载是从TFTP/FTP服务器的角度来说的，客户机把文件传输给服务器称为上传，客户机从服务器上取得文件称为下载。

2. 案例目的

➢ 了解交换机系统升级的方法。
➢ 了解配置文件还原的方法。
➢ 了解文件下载。

3. 应用环境

如果交换机真的出现了故障，那么就会用到本案例的内容：把原来的系统文件和配置文件导入交换机（称为文件还原），把最新的系统文件导入交换机替换原来的系统文件（称为系统升级）。

4. 设备需求

➢ 交换机1台。
➢ 计算机1台、TFTP Server 1台（1台计算机也可以，既可作为调试机，又可作为TFTP服务器）。
➢ Console线1根。
➢ 直通网线1根。

5. 案例拓扑

案例拓扑图如图8-1所示。

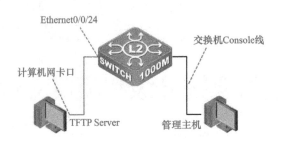

图　8-1

6. 案例需求

1）按照图8-1搭建网络。

2）用网线将计算机和交换机的24口相连。

3）将交换机的管理IP地址设置为192.168.1.100/24。

4）将计算机网卡的IP地址设置为192.168.1.101/24。

7. 实现步骤

1）配置TFTP服务器，如图8-2所示（详见案例7）。

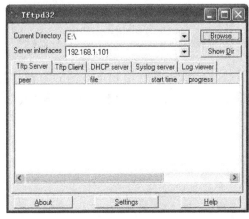

图　8-2

2）设置交换机的管理IP地址并验证与服务器是否连通。

switch(Config)#interface vlan1　　　　　！进入VLAN1接口

switch(Config-If-vlan1)#ip address 192.168.1.100 255.255.255.0

switch(Config-If-vlan1)#no shutdown　　　！激活VLAN接口

switch(Config-If-vlan1)#exit

switch(Config)#exit

switch#ping 192.168.1.101

3）备份配置文件。

```
switch#copy startup-config tftp://192.168.1.101/startup_0225
Confirm  [Y/N]:y
Begin to send file, please wait...

File transfer complete.
close tftp client.
switch#
```

4）对当前的配置进行修改并保存。

```
switch#config
switch(Config)#hostname SWITCH
SWITCH(Config)#exit
SWITCH#write
SWITCH#
```

！现在交换机中的配置文件和已经备份到TFTP服务器上的配置文件只有交换机的标识符不同，当前的标识符是"SWITCH"，原来的是"switch"。下面还原服务器上的配置文件，只要重启交换机之后，标识符又重新变成"switch"，则表明还原成功

5）下载配置文件。

```
SWITCH#copy tftp://192.168.1.101/startup_0225 startup-config
Confirm  [Y/N]:y
Begin to receive file, please wait...

File transfer complete.
Recv total 825 bytes
Begin to write local file, please wait...
Write ok.
close tftp client.
SWITCH#
```

6）重新启动并验证是否已经还原。重新启动完成之后，标识符是"switch"，表明案例成功。

```
SWITCH#reload
```

7）交换机升级。先下载升级包到TFTP服务器。

```
SWITCH#copy tftp://192.168.1.101/nos.imgnos.img
    Confirm  [Y/N]:y
    Begin to receive file, please wait...
    ##############################################################
    ##############################################################
    ##############################################################
    ##############################################################
    ################
    File transfer complete.
```

Recv total 4441705 bytes

Begin to write local file, please wait...

Write ok.

close tftp client.

SWITCH#reload

SWITCH#show version

8. 注意事项和排错

➤ 在还原或者升级的过程中，不可以拔掉网线或者把交换机断电，否则只有一半文件复制到交换机中，破坏了配置文件或系统文件而导致设备不可用。

9. 案例总结

新的系统文件会修正原文件的一些bug或者增加一些新功能。对于交换机用户来说，不一定要时时关注系统文件的最新版本，只要交换机在目前的网络环境中能正常稳定工作，就不需要升级。

10. 共同思考

一台交换机里可以存在多少个系统文件、多少个配置文件以及多少个running-config文件？

11. 课后练习

1）备份原交换机中的系统软件。

2）从神州数码网站上下载最新的SWITCH系统文件对交换机进行升级。

案例9　交换机BootROM
下的升级配置

1. 知识点回顾

BootROM插座也就是常说的无盘启动ROM接口。它是用来通过远程启动服务构造无盘工作站的。远程启动服务（Remoteboot）通常也叫BootROM插槽。

2. 案例目的

➤ 了解何时采用BootROM升级交换机。
➤ 了解如何使用BootROM升级交换机。

3. 应用环境

当交换机的系统文件遭到破坏，已经无法进入正常的CLI界面进行操作（如对交换机升级不成功）时，可以采用交换机BootROM方式对交换机进行重新升级或还原文件。

4. 设备需求

➤ 交换机1台。
➤ 计算机1台、TFTP　Server　1台（1台计算机也可以，既作为调试机，又作为TFTP服务器）。
➤ Console线1根。
➤ 直通网线1根。

5. 案例拓扑

案例拓扑如图9-1所示。

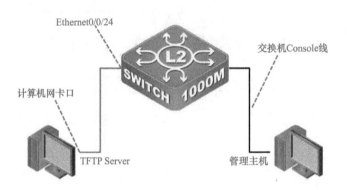

Ethernet0/0/24

交换机Console线

计算机网卡口

TFTP Server

管理主机

图 9-1

6. 案例需求

1）按照图9-1搭建网络。

2）用网线将计算机和交换机的24口相连。

3）将交换机的管理IP地址设置为192.168.1.100/24。

4）将计算机网卡的IP地址设置为192.168.1.101/24。

7. 实现步骤

1）配置TFTP服务器，如图9-2所示。

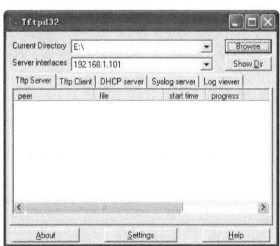

图 9-2

2）进入BootROM方式。

在交换机启动的过程中，按住<Ctrl+B>组合键，直到交换机进入BootROM监控模式，如图9-3所示。

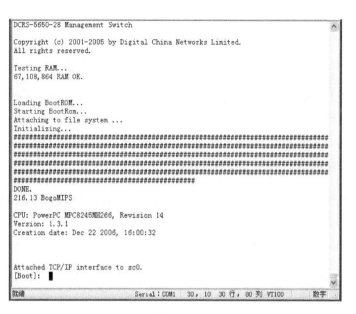

图　9-3

3）设置交换机的IP地址和升级方式。

在BootROM模式下，执行"setconfig"命令，设置本机在BootROM模式下的IP地址及掩码、服务器的IP地址及掩码，选择TFTP或者FTP的升级方式。例如，设置本机地址为192.168.1.100/24、计算机地址为192.168.1.101/24，选择TFTP升级方式，配置如下。

```
[Boot]: setconfig
Host IP Address: [10.1.1.1] 192.168.1.100        ! 该地址是交换机地址
Server IP Address: [10.1.1.2] 192.168.1.101      ! 该地址是服务器地址
FTP(1) or TFTP(2): [1] 2
Network interface configure OK.

[Boot]:
```

4）开始升级。

打开计算机中的TFTP服务器，在往交换机中上传升级版本时，先检查服务器与被升级交换机之间的连接状态，在服务器端使用"ping"命令，ping通后，在交换机的BootROM模式下执行load命令；若ping不通，则检查原因。更新系统映像文件的配置如下。

```
[Boot]: load nos.img        ! img文件存在于TFTP服务器的根目录下
Loading...
entry = 0x10010
size = 0x43c659
[Boot]:
```

5）执行保存命令。

在BootROM模式下，执行"write"命令。对更新系统映像文件的保存命令如下。

```
[Boot]: write nos.img
Writing ...
```

Write file OK.

[Boot]:

6）重新启动验证结果。

升级交换机成功，在BootROM模式下执行"run"命令，回到CLI配置界面。

[Boot]:run（或者reboot）

8. 注意事项和排错

➤ 在Setconfig命令中，Host IP Address是指交换机的IP地址，Server IP Address是指TFTP服务器的IP地址。

➤ img文件存在于TFTP服务器的根目录下。

9. 案例总结

通过本案例学会使用BootROM方式对交换机重新升级或还原文件，以便在交换机系统文件损坏的情况下可以对交换机进行操作。

10. 共同思考

系统文件的升级是否会修改配置文件？

11. 课后练习

使用1台计算机、1台交换机进行BootROM的升级，画出相应的拓扑图，标出各自的IP地址。

案例10 交换机VLAN划分案例

1. 知识点回顾

为了减小广播域的范围、保证网络安全，一般管理员会在交换机上使用VLAN技术来将交换机上有相同特点的一些端口划分到一个VLAN内，这样交换机上一个大的广播域/冲突域就被划分成了多个小的广播域/冲突域。在默认情况下，不同VLAN之间不能互访。VLAN技术的使用提升了网络安全域的使用效率。

2. 案例目的

➤ 了解VLAN的原理。
➤ 熟练掌握二层交换机VLAN的划分方法。
➤ 了解如何验证VLAN的划分。

扫码看视频

3. 应用环境

在学校案例楼中有两个案例室位于同一楼层，一个是计算机软件案例室，另一个是多媒体案例室，两个案例室的信息端口都连接在一台交换机上。学校已经为案例楼分配了固定的IP地址段，为了保证两个案例室的相对独立，需要划分对应的VLAN，使交换机某些端口属于软件案例室、某些端口属于多媒体案例室，这样就能保证它们之间的数据互不干扰，也不影响各自的通信效率。

4. 设备需求

➤ 交换机1台。
➤ 计算机两台。
➤ Console线1根。
➤ 直通网线两根。

5. 案例拓扑

案例拓扑图如图10-1所示。

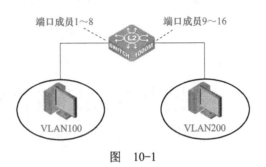

图 10-1

使用一台交换机和两台计算机，将其中的计算机1作为控制台终端，使用Console口配置方式；使用两根网线分别将计算机1和计算机2连接到交换机的RJ-45接口上。

6. 案例需求

1）按照图10-1搭建网络。

2）在交换机上划分两个基于端口的VLAN：VLAN100和VLAN200。VLAN成员端口规划见表10-1。

表 10-1

VLAN	端 口 成 员
100	1～8
200	9～16

3）使VLAN100的成员能够互相访问、VLAN200的成员能够互相访问，VLAN100和VLAN200成员之间不能互相访问。

4）计算机1、计算机2接在VLAN100的成员端口1～8上，两台计算机互相可以ping通；计算机1、计算机2接在VLAN的成员端口9～16上，两台计算机互相可以ping通；计算机1接在VLAN100的成员端口1～8上，计算机2接在VLAN200的成员端口9～16上，则互相ping不通。

5）若案例结果和理论相符，则本案例完成。

7. 实现步骤

1）基础环境配置。

①交换机恢复出厂设置。

switch#set default

switch#write

switch#reload

②给交换机设置IP地址（即管理IP）。

switch#config

switch(Config)#interface vlan1

switch(Config-If-vlan1)#ip address 192.168.1.11 255.255.255.0

switch(Config-If-vlan1)#no shutdown

switch(Config-If-vlan1)#exit

switch(Config)#exit

2）创建VLAN。

① 创建VLAN100和VLAN200。

switch(Config)#

switch(Config)#vlan100

switch(Config-vlan100)#exit

switch(Config)#vlan200

switch(Config-vlan200)#exit

switch(Config)#

验证配置：

switch#show vlan

VLAN	Name	Type	Media	Ports	
1	default	Static	ENET	Ethernet0/0/1	Ethernet0/0/2
				Ethernet0/0/3	Ethernet0/0/4
				Ethernet0/0/5	Ethernet0/0/6
				··················	
				Ethernet0/0/27	Ethernet0/0/28
100	**VLAN0100**	**Static**	**ENET**	！已经创建了VLAN100，VLAN100中没有端口	
200	**VLAN0200**	**Static**	**ENET**	！已经创建了VLAN200，VLAN200中没有端口	

② 给VLAN100和VLAN200添加端口。

switch(Config)#vlan 100　　　　！进入VLAN 100

switch(Config-vlan100)#switchport interface ethernet 0/0/1-8

！VLAN100加入端口1～8

Set the port Ethernet0/0/1 access vlan 100 successfully

Set the port Ethernet0/0/2 access vlan 100 successfully

Set the port Ethernet0/0/3 access vlan 100 successfully

Set the port Ethernet0/0/4 access vlan 100 successfully

Set the port Ethernet0/0/5 access vlan 100 successfully

Set the port Ethernet0/0/6 access vlan 100 successfully

Set the port Ethernet0/0/7 access vlan 100 successfully

Set the port Ethernet0/0/8 access vlan 100 successfully

switch(Config-vlan100)#exit

switch(Config)#vlan200　　　　！进入VLAN200

switch(Config-vlan200)#switchport interface ethernet 0/0/9-16

！VLAN200加入端口9～16

Set the port Ethernet0/0/9 access vlan 200 successfully

Set the port Ethernet0/0/10 access vlan 200 successfully

Set the port Ethernet0/0/11 access vlan 200 successfully

Set the port Ethernet0/0/12 access vlan 200 successfully

Set the port Ethernet0/0/13 access vlan 200 successfully

Set the port Ethernet0/0/14 access vlan 200 successfully

Set the port Ethernet0/0/15 access vlan 200 successfully

Set the port Ethernet0/0/16 access vlan 200 successfully

switch(Config-Vlan200)#exit

验证配置：

switch#show vlan

VLAN	Name	Type	Media	Ports	
1	default	Static	ENET	Ethernet0/0/17	Ethernet0/0/18
				Ethernet0/0/19	Ethernet0/0/20
				Ethernet0/0/21	Ethernet0/0/22
				Ethernet0/0/23	Ethernet0/0/24
				Ethernet0/0/25	Ethernet0/0/26
				Ethernet0/0/27	Ethernet0/0/28
100	vlan0100	Static	ENET	Ethernet0/0/1	Ethernet0/0/2
				Ethernet0/0/3	Ethernet0/0/4
				Ethernet0/0/5	Ethernet0/0/6
				Ethernet0/0/7	Ethernet0/0/8
200	vlan0200	Static	ENET	Ethernet0/0/9	Ethernet0/0/10
				Ethernet0/0/11	Ethernet0/0/12
				Ethernet0/0/13	Ethernet0/0/14
				Ethernet0/0/15	Ethernet0/0/16

3）测试结果与分析见表10-2。

表　10-2

计算机1位置	计算机2位置	动　　作	结　　果
1～8端口		计算机1 ping 192.168.1.11	不通
9～16端口		计算机1 ping 192.168.1.11	不通
17～24端口		计算机1 ping 192.168.1.11	通
1～8端口	1～8端口	计算机1 ping 计算机2	通
1～8端口	9～16端口	计算机1 ping 计算机2	不通
1～8端口	17～24端口	计算机1 ping 计算机2	不通

8.　注意事项和排错

➤ 在默认情况下，交换机的所有端口都属于VLAN1，通常把VLAN1作为交换机的管理

VLAN，因此VLAN1接口的IP地址就是交换机的管理地址。
➢ 在交换机上配置VLAN技术时，一个普通端口只属于一个VLAN，一个VLAN内可以包含多个端口。
➢ 当同一VLAN主机之间不能相互通信时，可以查看相应的计算机所配置的IP地址是否处于同一网段。

9. 完整配置文档

```
switch#Show run
!
no service password-encryption
!
hostname switch
!
vlan 1
!
vlan 100
!
vlan 200
!
Interface Ethernet0/0/1
 switchport access vlan 100
!
Interface Ethernet0/0/2
 switchport access vlan 100
!
Interface Ethernet0/0/3
 switchport access vlan 100
!
Interface Ethernet0/0/4
 switchport access vlan 100
!
Interface Ethernet0/0/5
 switchport access vlan 100
!
Interface Ethernet0/0/6
 switchport access vlan 100
!
Interface Ethernet0/0/7
 switchport access vlan 100
```

```
!
Interface Ethernet0/0/8
 switchport access vlan 100
!
Interface Ethernet0/0/9
 switchport access vlan 200
!
Interface Ethernet0/0/10
 switchport access vlan 200
!
Interface Ethernet0/0/11
 switchport access vlan 200
!
Interface Ethernet0/0/12
 switchport access vlan 200
!
Interface Ethernet0/0/13
 switchport access vlan 200
!
Interface Ethernet0/0/14
 switchport access vlan 200
!
Interface Ethernet0/0/15
 switchport access vlan 200
!
Interface Ethernet0/0/16
 switchport access vlan 200
!
Interface Ethernet0/0/17
!
Interface Ethernet0/0/18
!
Interface Ethernet0/0/19
!
Interface Ethernet0/0/20
!
Interface Ethernet0/0/21
!
Interface Ethernet0/0/22
!
Interface Ethernet0/0/23
```

```
!
Interface Ethernet0/0/24
!
Interface Ethernet0/0/25
!
Interface Ethernet0/0/26
!
Interface Ethernet0/0/27
!
Interface Ethernet0/0/28
!
no login
!
End
switch#
```

10. 案例总结

通过本案例的学习，读者可以了解VLAN的技术原理与作用，不同VLAN内的主机在默认情况下不能够直接相互通信，这样网络的整体安全性与案例效率将大大提升，所以实际工程中VLAN技术的应用还是非常广泛的。

11. 共同思考

1）如何取消一个VLAN。
2）如何取消一个VLAN中的某些端口。

12. 课后练习

请给交换机划分3个VLAN，验证VLAN案例，规划见表10-3。

表 10-3

VLAN	端 口 成 员
10	1～6
20	7～12
30	13～16

案例11　跨交换机相同VLAN间通信

1. 知识点回顾

当网络中有多台交换机，相同VLAN内的主机需要跨交换机进行相互通信时，需要在交换机上配置Trunk接口模式来实现，Trunk接口可以允许多个VLAN的数据帧同时通过，这样可以跨交换机实现同一VLAN内部主机之间的通信。

2. 案例目的

➢ 了解IEEE 802.1q的实现方法，掌握跨二层交换机相同VLAN间通信的调试方法。
➢ 了解交换机接口的Trunk模式和Access模式。
➢ 了解交换机的Tagged端口和Untagged端口的区别。

3. 应用环境

教学楼有两层，其中一层是一年级，另一层是二年级，每个楼层都有一台交换机满足老师的上网需求；每个年级都有语文教研组和数学教研组；两个年级的语文教研组的计算机可以互相访问；两个年级的数学教研组的计算机可以互相访问；语文教研组和数学教研组之间不可以自由访问。

通过划分VLAN使得语文教研组和数学教研组之间不可以自由访问，使用IEEE 802.1q技术实现跨交换机的VLAN。

4. 设备需求

➢ 交换机两台。
➢ 计算机两台。
➢ Console线1根。
➢ 直通网线两根。

扫码看视频

5. 案例拓扑

案例拓扑图如图11-1所示。

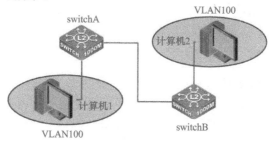

图 11-1

6. 案例需求

1）按照图11-1搭建网络。

2）在交换机A和交换机B上分别划分两个基于端口的VLAN：VLAN100和VLAN200。VLAN成员端口分配见表11-1。

表 11-1

VLAN	端 口 成 员
100	1～8
200	9～16
Trunk	24

3）使交换机之间VLAN100的成员能够互相访问、VLAN200的成员能够互相访问，VLAN100和VLAN200成员之间不能互相访问。

4）计算机1、计算机2分别接在不同交换机VLAN100的成员端口1～8上，两台计算机互相可以ping通；计算机1、计算机2分别接在不同交换机VLAN的成员端口9～16上，两台计算机互相可以ping通；计算机1和计算机2接在不同VLAN的成员端口上，互相ping不通。

5）若案例结果和理论相符，则本案例完成。

7. 实现步骤

1）基础环境配置。

①交换机恢复出厂设置。

switch#set default

switch#write

switch#reload

②给交换机设置标示符和管理IP。

交换机A：

switch(Config)#hostname switchA

switchA(Config)#interface vlan 1

switchA(Config-If-vlan1)#ip address 192.168.1.11 255.255.255.0

switchA(Config-If-vlan1)#no shutdown

switchA(Config-If-vlan1)#exit

switchA(Config)#

交换机B：

switch(Config)#hostname switchB

switchB(Config)#interface vlan1

switchB(Config-If-vlan1)#ip address 192.168.1.12 255.255.255.0

switchB(Config-If-vlan1)#no shutdown

switchB(Config-If-vlan1)#exit

switchB(Config)#

③在交换机中创建VLAN100和VLAN200并添加端口。

交换机A：

switchA(Config)#vlan100

switchA(Config-vlan100)#

switchA(Config-vlan100)#switchport interface ethernet 0/0/1-8

switchA(Config-vlan100)#exit

switchA(Config)#vlan 200

switchA(Config-vlan200)#switchport interface ethernet 0/0/9-16

switchA(Config-vlan200)#exit

switchA(Config)#

验证配置：

switchA#show vlan

VLAN	Name	Type	Media	Ports	
1	default	Static	ENET	Ethernet0/0/17	Ethernet0/0/18
				Ethernet0/0/19	Ethernet0/0/20
				Ethernet0/0/21	Ethernet0/0/22
				Ethernet0/0/23	Ethernet0/0/24
				Ethernet0/0/25	Ethernet0/0/26
				Ethernet0/0/27	Ethernet0/0/28
100	VLAN0100	Static	ENET	Ethernet0/0/1	Ethernet0/0/2
				Ethernet0/0/3	Ethernet0/0/4
				Ethernet0/0/5	Ethernet0/0/6
				Ethernet0/0/7	Ethernet0/0/8
200	VLAN0200	Static	ENET	Ethernet0/0/9	Ethernet0/0/10
				Ethernet0/0/11	Ethernet0/0/12
				Ethernet0/0/13	Ethernet0/0/14
				Ethernet0/0/15	Ethernet0/0/16

switchA#

交换机B：

配置同交换机A。

2）设置交换机Trunk端口。

交换机A：

switchA(Config)#interface ethernet 0/0/24

switchA(Config-Ethernet0/0/24)#switchport mode trunk

Set the port Ethernet0/0/24 mode TRUNK successfully

switchA(Config-Ethernet0/0/24)#switchport trunk allowed vlan all

set the port Ethernet0/0/24 allowed vlan successfully

switchA(Config-Ethernet0/0/24)#exit

switchA(Config)#

验证配置：

switchA#show vlan

VLAN	Name	Type	Media	Ports	
1	default	Static	ENET	Ethernet0/0/17	Ethernet0/0/18
				Ethernet0/0/19	Ethernet0/0/20
				Ethernet0/0/21	Ethernet0/0/22
				Ethernet0/0/23	Ethernet0/0/24（T）
				Ethernet0/0/25	Ethernet0/0/26
				Ethernet0/0/27	Ethernet0/0/28
100	VLAN0100	Static	ENET	Ethernet0/0/1	Ethernet0/0/2
				Ethernet0/0/3	Ethernet0/0/4
				Ethernet0/0/5	Ethernet0/0/6
				Ethernet0/0/7	Ethernet0/0/8
				Ethernet0/0/24（T）	
200	VLAN0200	Static	ENET	Ethernet0/0/9	Ethernet0/0/10
				Ethernet0/0/11	Ethernet0/0/12
				Ethernet0/0/13	Ethernet0/0/14
				Ethernet0/0/15	Ethernet0/0/16
				Ethernet0/0/24（T）	

switchA#

24口已经出现在VLAN1、VLAN100和VLAN200中，并且24口不是一个普通端口，是Tagged端口。

交换机B：

配置同交换机A。

3）测试结果与分析。

交换机A上ping交换机B：

switchA#ping 192.168.1.12

Type ^c to abort.

Sending 5 56-byte ICMP Echos to 192.168.1.12, timeout is 2 seconds.

!!!!!

Success rate is 100 percent (5/5), round-trip min/avg/max = 1/1/1 ms

switchA#

表明交换机之前的Trunk链路已经成功建立。

按表11-2验证计算机1插在交换机A上，计算机2插在交换机B上。

表　11-2

计算机1位置	计算机2位置	动　作	结　果
1～8端口		计算机1 ping 交换机B	不通
9～16端口		计算机1 ping交换机B	不通
17～24端口		计算机1 ping交换机B	通
1～8端口	1～8端口	计算机1 ping 计算机2	通
1～8端口	9～16端口	计算机1 ping 计算机2	不通

8. 注意事项和排错

> 取消一个VLAN可以使用"no vlan"命令。
> 取消VLAN的某个端口可以在VLAN模式下使用"no switchport interface ethernet0/0/x"命令。
> 当使用"switchport trunk allowed vlan all"命令后，所有以后创建的VLAN中都会自动添加Trunk口为成员端口。
> 案例过程中若配置完成后相同VLAN内的主机无法相互通信，则可以检查交换机的配置，VLAN是否创建、Trunk接口是否放行VLAN通过。

9. 完整配置文档

完整配置文档如下。

```
switchA#show run
!
no service password-encryption
!
hostname switchA
!
vlan1
!
vlan100
!
vlan200
!
```

```
Interface Ethernet0/0/1
 switchport access vlan100
!
Interface Ethernet0/0/2
 switchport access vlan100
!
Interface Ethernet0/0/3
 switchport access vlan100
!
Interface Ethernet0/0/4
 switchport access vlan100
!
Interface Ethernet0/0/5
 switchport access vlan100
!
Interface Ethernet0/0/6
 switchport access vlan100
!
Interface Ethernet0/0/7
 switchport access vlan100
!
Interface Ethernet0/0/8
 switchport access vlan100
!
Interface Ethernet0/0/9
 switchport access vlan200
!
Interface Ethernet0/0/10
 switchport access vlan200
!
Interface Ethernet0/0/11
 switchport access vlan200
!
Interface Ethernet0/0/12
 switchport access vlan200
!
Interface Ethernet0/0/13
 switchport access vlan200
!
```

```
Interface Ethernet0/0/14
 switchport access vlan200
 !
Interface Ethernet0/0/15
 switchport access vlan200
 !
Interface Ethernet0/0/16
 switchport access vlan200
 !
Interface Ethernet0/0/17
 !
Interface Ethernet0/0/18
 !
Intcrfacc Ethcrnct0/0/19
 !
Interface Ethernet0/0/20
 !
Interface Ethernet0/0/21
 !
Interface Ethernet0/0/22
 !
Interface Ethernet0/0/23
 !
Interface Ethernet0/0/24
 switchport mode trunk
 !
Interface Ethernet0/0/25
 !
Interface Ethernet0/0/26
 !
Interface Ethernet0/0/27
 !
Interface Ethernet0/0/28
 !
interface Vlan1
 ip address 192.168.1.11 255.255.255.0
 !
no login
 !
endswitchA#
```

10. 案例总结

本案例验证了跨交换机可以实现相同VLAN内主机之间的相互通信，使网络的扩展性与灵活性大大增加。交换机上的Access接口与Trunk接口的最大不同就是Trunk接口可以允许多个VLAN的数据帧带着自己的tag传输通过，而Access接口只允许其所属VLAN的数据帧通过。

11. 共同思考

Trunk、Access、Tagged、Untagged这几个专业术语的关联与区别是什么？

12. 课后练习

请给交换机A和B分别划分3个VLAN，验证VLAN案例，具体规划见表11-3。

表 11-3

VLAN	端口成员
10	5~8
20	9~12
30	13~16
Trunk	1~4

案例12　私有VLAN案例

1. 知识点回顾

通过私有VLAN技术，可以实现VLAN之间的互访，既满足了实际组网中的灵活应用，又大大简化了网络管理员的配置任务，一般主VLAN内部架设服务器为群体VLAN与隔离VLAN提供访问服务，但是群体VLAN与隔离VLAN之间要进行相应的互访控制。

2. 案例目的

➤ 了解私有VLAN原理。
➤ 熟练掌握交换机私有VLAN的划分方法。
➤ 了解VLAN和私有VLAN的不同。

3. 应用环境

VLAN带给了网络很好的可管理性，VLAN之间通信必须经过三层设备路由。

案例一：一个案例室的交换机上划分了若干个VLAN，为了安全起见，VLAN之间不需要通信，但是所有的VLAN都需要访问一台公用的服务器。怎么办？增加三层设备的投资太高了。

案例二：一个宽带小区，每家每户都有宽带入户，每个家庭的计算机都不希望被其他家的用户访问，要求隔离，难道需要在交换机上配置20多个VLAN来解决？

使用私有VLAN技术可以解决上述问题，每个家庭之间不能够相互访问，起到保障网络安全的作用。

前提：交换机支持PVLAN。并非所有的交换机都支持PVLAN，需要提前阅读产品手册。

4. 设备需求

➤ 交换机1台。
➤ 计算机两台。
➤ Console线1根。

> 直通网线两根。

5. 案例拓扑

案例拓扑图如图12-1所示。

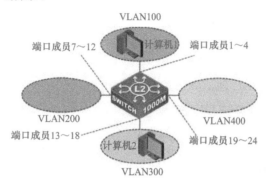

图 12-1

6. 案例需求

1）按照图12-1搭建网络。

2）在交换机上划分VLAN：VLAN100、VLAN200、VLAN300、VLAN400。划分情况见表12-1。

表 12-1

VLAN	VLAN类型	端口成员
100	主VLAN	1～4
200	群体VLAN	7～12
300	群体VLAN	13～18
400	隔离VLAN	19～24

3）把计算机1、计算机2接在相应的端口上进行验证：所有的端口都可以和混杂端口通信，群体VLAN内可以通信，群体VLAN间不可以通信，隔离VLAN内部不能通信。

4）若案例结果和理论相符，则本案例完成。

7. 实现步骤

1）基础环境配置。

①交换机全部恢复出厂设置，创建私有VLAN的各种成员VLAN。

switch(Config)#vlan100

switch(Config-vlan100)#private-vlan primary

Note:This will remove all the ports from vlan 100

switch(Config-vlan100)#exit

switch(Config)#vlan 200

switch(Config-vlan200)#private-vlan community

Note:This will remove all the ports from vlan 200

switch(Config-vlan200)#exit

switch(Config)#vlan300

switch(Config-vlan300)#private-vlan community

Note:This will remove all the ports from vlan300

switch(Config-vlan300)#exit

switch(Config)#vlan400

switch(Config-vlan400)#private-vlan isolated

Note:This will remove all the ports from vlan400

switch(Config-vlan400)#exit

switch(Config)#

②关联各种成员VLAN。

switch(Config)#

switch(Config)#vlan100

switch(Config-vlan100)#

switch(Config-vlan100)#private-vlan association 200;300;400

Set vlan 100 associated vlan successfully

switch(Config-vlan100)#exit

switch(Config)#

验证配置：

switch#show vlan private-vlan

VLAN	Name	Type	Asso vlan Ports
100	vlan0100	Primary	200 300
			400
200	vlan0200	Community	100
300	vlan0300	Community	100
400	vlan0400	Isolate	100

switch#

2）添加端口。

switch(Config)#vlan 100

switch(Config-vlan100)#switchport interface ethernet 0/0/1-4

Set the port Ethernet0/0/1 access vlan100 successfully

Set the port Ethernet0/0/2 access vlan100 successfully

Set the port Ethernet0/0/3 access vlan100 successfully

Set the port Ethernet0/0/4 access vlan100 successfully

switch(Config-vlan100)#vlan200

switch(Config-vlan200)#switchport interface ethernet 0/0/7-12

Set the port Ethernet0/0/7 access vlan200 successfully
Set the port Ethernet0/0/8 access vlan200 successfully
Set the port Ethernet0/0/9 access vlan200 successfully
Set the port Ethernet0/0/10 access vlan200 successfully
Set the port Ethernet0/0/11 access vlan200 successfully
Set the port Ethernet0/0/12 access vlan200 successfully
switch(Config-vlan200)#vlan300
switch(Config-vlan300)#switchport interface ethernet 0/0/13-18
Set the port Ethernet0/0/13 access vlan300 successfully
Set the port Ethernet0/0/14 access vlan300 successfully
Set the port Ethernet0/0/15 access vlan300 successfully
Set the port Ethernet0/0/16 access vlan300 successfully
Set the port Ethernet0/0/17 access vlan300 successfully
Set the port Ethernet0/0/18 access vlan300 successfully
switch(Config-vlan300)#vlan400
switch(Config-vlan400)#switchport interface ethernet 0/0/19-24
Set the port Ethernet0/0/19 access vlan400 successfully
Set the port Ethernet0/0/20 access vlan400 successfully
Set the port Ethernet0/0/21 access vlan400 successfully
Set the port Ethernet0/0/22 access vlan400 successfully
Set the port Ethernet0/0/23 access vlan400 successfully
Set the port Ethernet0/0/24 access vlan400 successfully
switch(Config-vlan400)#

验证配置:
switch#show vlan private-vlan

VLAN	Name	Type	Asso vlan		Ports	
100	vlan0100	Primary	200	300	Ethernet0/0/1	Ethernet0/0/2
			400		Ethernet0/0/3	Ethernet0/0/4
					Ethernet0/0/7	Ethernet0/0/8
					Ethernet0/0/9	Ethernet0/0/10
					Ethernet0/0/11	Ethernet0/0/12
					Ethernet0/0/13	Ethernet0/0/14
					Ethernet0/0/15	Ethernet0/0/16
					Ethernet0/0/17	Ethernet0/0/18
					Ethernet0/0/19	Ethernet0/0/20
					Ethernet0/0/21	Ethernet0/0/22
					Ethernet0/0/23	Ethernet0/0/24
200	vlan0200	Community	100		Ethernet0/0/1	Ethernet0/0/2
					Ethernet0/0/3	Ethernet0/0/4
					Ethernet0/0/7	Ethernet0/0/8

				Ethernet0/0/9	Ethernet0/0/10
				Ethernet0/0/11	Ethernet0/0/12
300	vlan0300	Community	100	Ethernet0/0/1	Ethernet0/0/2
				Ethernet0/0/3	Ethernet0/0/4
				Ethernet0/0/13	Ethernet0/0/14
				Ethernet0/0/15	Ethernet0/0/16
				Ethernet0/0/17	Ethernet0/0/18
400	vlan0400	Isolate	100	Ethernet0/0/1	Ethernet0/0/2
				Ethernet0/0/3	Ethernet0/0/4

3）测试结果与分析。使用计算机1与计算机2进行测试，测试结果见表12-2。

表　12-2

计算机1位置	计算机2位置	动　作	表　示	结　果
1端口	2~4端口	计算机1 ping 计算机2	主VLAN ping 主VLAN	通
1端口	7~12端口	计算机1 ping 计算机2	群体VLAN ping 主VLAN	通
1端口	13~18端口	计算机1 ping 计算机2	群体VLAN ping 主VLAN	通
1端口	19~24端口	计算机1 ping 计算机2	隔离VLAN ping 主VLAN	通
7~12端口	7~12端口	计算机1 ping 计算机2	群体VLAN内通信	通
7~12端口	13~18端口	计算机1 ping 计算机2	群体VLAN间通信	不通
7~12端口	19~24端口	计算机1 ping 计算机2	群体VLAN ping 隔离VLAN	不通
19~24端口	19~24端口	计算机1 ping 计算机2	隔离VLAN ping 隔离VLAN	不通

8.　注意事项和排错

➢　创建私有VLAN时，先做关联，再添加端口。因为关联时会自动把原VLAN的端口移除。

➢　隔离VLAN中并不显示隔离端口，而只是显示混杂端口。

9.　完整配置文档

完整的配置文档如下。

```
switch#Show run
!
no service password-encryption
!
hostname Switch
!
vlan1
!
vlan200
 private-vlan community
!
```

```
vlan300
 private-vlan community
!
vlan400
 private-vlan isolated
!
vlan100
 private-vlan primary
 private-vlan association 200;300;400
!
Interface Ethernet0/0/1
 switchport access vlan 100
!
Interface Ethernet0/0/2
 switchport access vlan100
!
Interface Ethernet0/0/3
 switchport access vlan100
!
Interface Ethernet0/0/4
 switchport access vlan100
!
Interface Ethernet0/0/5
!
Interface Ethernet0/0/6
!
Interface Ethernet0/0/7
 switchport access vlan200
!
Interface Ethernet0/0/8
 switchport access vlan200
!
Interface Ethernet0/0/9
 switchport access vlan200
!
Interface Ethernet0/0/10
 switchport access vlan200
!
Interface Ethernet0/0/11
 switchport access vlan200
```

```
!
Interface Ethernet0/0/12
 switchport access vlan200
!
Interface Ethernet0/0/13
 switchport access vlan300
!
Interface Ethernet0/0/14
 switchport access vlan300
!
Interface Ethernet0/0/15
 switchport access vlan300
!
Interface Ethernet0/0/16
 switchport access vlan300
!
Interface Ethernet0/0/17
 switchport access vlan300
!
Interface Ethernet0/0/18
 switchport access vlan300
!
Interface Ethernet0/0/19
 switchport access vlan400
!
Interface Ethernet0/0/20
 switchport access vlan400
!
Interface Ethernet0/0/21
 switchport access vlan400
!
Interface Ethernet0/0/22
 switchport access vlan400
!
Interface Ethernet0/0/23
 switchport access vlan400
!
Interface Ethernet0/0/24
 switchport access vlan400
!
```

```
Interface Ethernet0/0/25
!
Interface Ethernet0/0/26
!
Interface Ethernet0/0/27
!
Interface Ethernet0/0/28
!
no login
!
End
switch#
```

10. 案例总结

通过该案例的学习，可知群体VLAN内部可以相互通信，隔离VLAN之间不能相互通信，群体VLAN和隔离VLAN之间不能相互通信，但是它们都能和主VLAN通信。私有VLAN技术使实际环境中VLAN的使用更加灵活，满足了不同场景下的组网环境需求。

11. 共同思考

VLAN和私有VLAN有关联吗？

12. 课后练习

请给交换机划分3个VLAN，验证私有VLAN案例，具体规划见表12-3。

表　12-3

VLAN	VLAN类型	端口成员
100	主VLAN	1~4
200	群体VLAN	7~12
300	隔离VLAN	13~18

案例13 交换机端口与MAC绑定

1. 知识点回顾

通过交换机端口绑定技术，在交换机上可以允许网络管理员指定的主机接入网络，其他非法主机是不能接入网络的，这样进一步增强了网络的整体安全性与可控性，但是在部署时工作量也会相应增加。

2. 案例目的

> 了解交换机的MAC绑定功能。
> 了解交换机端口的MAC绑定功能的优点。
> 熟练掌握MAC与端口绑定的静态、动态方式。

扫码看视频

3. 应用环境

当网络中某机器由于中病毒进而引发大量的广播数据包在网络中泛洪时，网络管理员的唯一想法就是尽快地找到根源主机并把它从网络中暂时隔离开。当网络的布置很随意时，任何用户只要插上网线，在任何位置都能够上网，网络正常的情况下大多数用户很满意，但是一旦发生网络故障，网管人员却很难快速、准确地定位根源主机，更谈不上将它隔离了。端口与地址绑定技术使主机必须与某一端口进行绑定，也就是说，特定主机只有在某个特定端口下发出数据帧，才能被交换机接收并传输到网络上，如果这台主机移动到其他位置，则无法实现正常联网。

为了安全和便于管理，需要将MAC地址与端口进行绑定。MAC地址与端口绑定后，该MAC地址的数据流只能从绑定端口进入，不能从其他端口进入。该端口可以允许其他MAC地址的数据流通过。如果绑定方式采用动态lock的方式，则会使该端口的地址学习功能关闭，因此，在取消lock之前，其他MAC的主机也不能从这个端口进入。

4. 设备需求

> 交换机1台。

> 计算机两台。
> Console线1根。
> 直通网线两根。

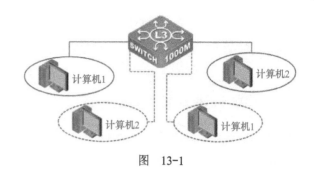

5. 案例拓扑

案例拓扑图如图13-1所示。

图 13-1

6. 案例需求

1）按照图13-1搭建网络。

2）将交换机的IP地址设置为192.168.1.11/24，将计算机1的IP地址设置为192.168.1.101/24，将计算机2的IP地址设置为192.168.1.102/24。

3）在交换机上将MAC与端口绑定。

4）计算机1在不同的端口上ping交换机的IP，检验理论是否和案例一致。

5）计算机2在不同的端口上ping交换机的IP，检验理论是否和案例一致。

7. 实现步骤

1）基础环境配置。

① 得到计算机1的MAC地址。

执行"开始"→"运行"命令，在弹出的对话框中输入"CMD"，在弹出的窗口中输入"ipconfig/all"命令，得到计算机1的MAC地址为00-1F-E2-66-70-18，如图13-2所示。

图 13-2

② 交换机全部恢复出厂设置，配置交换机的IP地址。

```
switch(Config)#interface vlan1
```

switch(Config-If-vlan1)#ip address 192.168.1.11 255.255.255.0

switch(Config-If-vlan1)#no shut

switch(Config-If-vlan1)#exit

switch(Config)#

2）配置交换机MAC地址绑定。

① 使能端口的MAC地址绑定功能。

switch(Config)#interface ethernet 0/0/1

switch(Config-Ethernet0/0/1)#switchport port-security

switch(Config-Ethernet0/0/1)#

② 添加端口静态安全MAC地址，默认端口最大安全MAC地址数为1。

switch(Config-Ethernet0/0/1)#switchport port-security mac-address 00-1F-E2-66-70-18

验证配置：

switch#show port-security

SecurityPort	MaxSecurityAddr (count)	CurrentAddr (count)	Security Action
Ethernet0/0/1	1	1	Protect

Max Addresses limit per port :128

Total Addresses in System :1

switch#

switch#show port-security address

Security Mac Address Table

Vlan	Mac Address	Type	Ports
1	00-1F-E2-66-70-18	SecurityConfigured	Ethernet0/0/1

Total Addresses in System :1

Max Addresses limit in System :128

switch#

3）测试结果与分析。

使用计算机1、计算机2进行ping连通性测试，测试结果见表13-1。

表 13-1

计算机	端口	ping	结果	原因
计算机1	0/0/1	192.168.1.11	通	
计算机1	0/0/7	192.168.1.11	不通	
计算机2	0/0/1	192.168.1.11	通	
计算机2	0/0/7	192.168.1.11	通	

① 在一个以太口上静态捆绑多个MAC。

Switch(Config-Ethernet0/0/1)#switchport port-security maximum 4

Switch(Config-Ethernet0/0/1)#switchport port-security mac-address aa-aa-aa-aa-aa-aa

Switch(Config-Ethernet0/0/1)#switchport port-security mac-address aa-aa-aa-bb-bb-bb

Switch(Config-Ethernet0/0/1)#switchport port-security mac-address aa-aa-aa-cc-cc-cc

验证配置：

switch#show port-security

SecurityPort	MaxSecurityAddr (count)	CurrentAddr (count)	Security Action
Ethernet0/0/1	4	4	Protect

Max Addresses limit per port :128

Total Addresses in System :4

switch#show port-security address

Security Mac Address Table

Vlan	Mac Address	Type	Ports
1	00-a0-d1-d1-07-ff	SecurityConfigured	Ethernet0/0/1
1	aa-aa-aa-aa-aa-aa	SecurityConfigured	Ethernet0/0/1
1	aa-aa-aa-bb-bb-bb	SecurityConfigured	Ethernet0/0/1
1	aa-aa-aa-cc-cc-cc	SecurityConfigured	Ethernet0/0/1

Total Addresses in System :4

Max Addresses limit in System :128

switch#

上面使用的都是静态捆绑MAC的方法，下面介绍动态MAC地址绑定的基本方法，首先清空刚才捆绑的MAC地址。

② 清空端口与MAC绑定。

switch(Config)#

switch(Config)#int ethernet 0/0/1

switch(Config-Ethernet0/0/1)#no switchport port-security

switch(Config-Ethernet0/0/1)#exit

switch(Config)#exit

验证配置：

switch#show port-security

SecurityPort	MaxSecurityAddr (count)	CurrentAddr (count)	Security Action

Max Addresses limit per port :128

Total Addresses in System :0

③ 使能端口的MAC地址绑定功能，动态学习MAC并转换。

switch(Config)#interface ethernet 0/0/1

switch(Config-Ethernet0/0/1)#switchport port-security

switch(Config-Ethernet0/0/1)#switchport port-security lock

switch(Config-Ethernet0/0/1)#switchport port-security convert

1 dynamic mac have been converted to security mac on interface Ethernet0/0/1

switch(Config-Ethernet0/0/1)#exit

验证配置：

switch#show port-security address

Security Mac Address Table

Vlan	Mac Address	Type	Ports
1	00-a0-d1-d1-07-ff	SecurityConfigured	Ethernet0/0/1

Total Addresses in System :1

Max Addresses limit in System :128

switch#

④ 使用ping命令验证，测试结果见表13-2。

表 13-2

计算机	端　口	ping	结　果	原　因
计算机1	0/0/1	192.168.1.11	通	
计算机1	0/0/7	192.168.1.11	不通	
计算机2	0/0/1	192.168.1.11	不通	
计算机2	0/0/7	192.168.1.11	通	

8. 注意事项和排错

➢ 如果出现端口无法配置MAC地址绑定功能的情况，请检查交换机的端口是否运行了Spanning Tree、802.1x、端口汇聚或者端口已经配置为Trunk端口。MAC绑定在端口上与这些配置是互斥的，如果该端口要打开MAC地址绑定功能，就必须首先确认端口下的上述功能已经被关闭。

➢ 端口关闭之后，该端口MAC地址学习功能被关闭，不允许其他的MAC进入该端口。

➢ 当动态学习MAC无法执行"convert"命令时，请检查计算机网卡是否和该端口正确连接或交换机正在学习MAC地址，稍后再试。

9. 案例总结

通过交换机端口MAC地址绑定技术的配置，网络管理员可以实现允许特定主机接入网络，从而大大增加了网络的安全性，在部署时要注意事先的规划与调查，保证网络的连通性与可用性。

10. 共同思考

端口安全和MAC地址绑定有什么关联？

11. 课后练习

1）使用3台计算机测试端口与MAC绑定功能。
2）实现多个端口统一绑定。

案例14 配置MAC地址表 实现绑定和过滤

1. 知识点回顾

MAC地址用来定义网络设备的位置。在OSI模型中，第三层网络层负责IP地址，第二层数据链路层负责MAC地址，因此一个主机会有一个MAC地址，而每个网络位置会有一个专属于它的IP地址。

2. 案例目的

➢ 了解MAC地址表在交换机中的作用。
➢ 熟练掌握如何配置MAC地址表实现MAC与端口绑定功能。

3. 应用环境

通常交换机支持动态学习MAC地址的功能，每个端口可以动态学习多个MAC地址，从而实现端口之间已知MAC地址数据流的转发。当MAC地址老化后，则进行广播处理。

为了安全和便于管理，需要将MAC地址与端口进行绑定，通过配置MAC地址表的方式进行绑定。

4. 设备需求

➢ 交换机1台。
➢ 计算机两台。
➢ Console线1根。
➢ 直通网线两根。

5. 案例拓扑

案例拓扑图如图14-1所示。

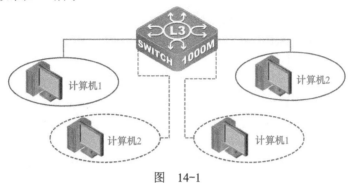

图 14-1

6. 案例需求

1）按照图14-1搭建网络。

2）将交换机的IP地址设置为192.168.1.11/24，将计算机1的IP地址设置为192.168.1.101/24，将计算机2的IP地址设置为192.168.1.102/24。

3）在交换机上将MAC与端口绑定。

4）计算机1在不同的端口上ping交换机的IP，检验理论是否和案例一致。

5）计算机2在不同的端口上ping交换机的IP，检验理论是否和案例一致。

7. 实现步骤

1）得到计算机1的MAC地址（详见案例13），如图14-2所示。

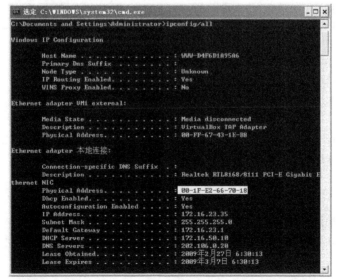

图 14-2

参照案例13，得到计算机的MAC地址为00-1F-E2-66-70-18。

2）交换机全部恢复出厂设置，给交换机设置地址。

switch(Config)#interface vlan 1

switch(Config-If-Vlan1)#ip address 192.168.1.11 255.255.255.0

switch(Config-If-Vlan1)#no shut

switch(Config-If-Vlan1)#exit

switch(Config)#

3）使用MAC地址表配置来绑定。

switch(Config)#mac-address-table static address 00-1F-E2-66-70-18 vlan 1 interface ethernet 0/0/1

switch(Config)#

验证配置：

switch#show mac-address-table

Read mac address table...

Vlan	Mac Address	Type	Creator	Ports
1	00-03-0f-01-7d-b1	STATIC	System	CPU
1	00-1F-E2-66-70-18	STATIC	User	Ethernet0/0/1

switch#

4）ping命令测试见表14-1。

表 14-1

计算机	端　　口	ping	结　　果	原　　因
计算机1	0/0/1	192.168.1.11	通	
计算机1	0/0/7	192.168.1.11	不通	
计算机2	0/0/1	192.168.1.11	通	
计算机2	0/0/7	192.168.1.11	通	

5）将计算机2的网线连接在0/0/1上显示。

switch#show mac-address-table

Read mac address table...

Vlan	Mac Address	Type	Creator	Ports
1	00-03-0f-01-7d-b1	STATIC	System	CPU
1	**00-17-31-69-f1-0e**	**DYNAMIC**	**Hardware**	**Ethernet0/0/1**
1	00-1F-E2-66-70-18	STATIC	User	Ethernet0/0/1

switch#

6）配置MAC地址过滤。

switch(Config)#mac-address-table blackhole address 00-1F-E2-66-70-18 vlan 1

验证配置：

switch#show mac-address-table

Read mac address table...

Vlan	Mac Address	Type	Creator	Ports
1	00-03-0f-01-7d-b1	STATIC	System	CPU
1	00-1F-E2-66-70-18	STATIC	User	(blackhole)

switch#

7）用ping命令验证。

无论计算机1插在交换机的哪个RJ-45口上，都ping不通192.168.1.11，而计算机2则能ping通。

8．注意事项和排错

输入"show mac"命令时，某端口没有学习到该端口连接的设备的MAC。可能的原因如下：交换机启动Spanning Tree，且端口处于discarding状态；或者端口刚连接上设备，Spanning Tree还在计算中，等Spanning Tree计算完毕，端口就可以学习MAC地址了。

9．案例总结

交换机某接口上学习到某MAC地址后可以进行转发，如果将连线切换到另外一个接口上，交换机将重新学习该MAC地址，从而在新切换的接口上实现数据转发。

MAC地址与端口绑定后，该MAC地址的数据流只能从绑定端口进入，不能从其他端口进入，但是不影响其他MAC的数据流从该端口进入。

10．共同思考

案例13和案例14实现绑定的异同点。

11．课后练习

自行设计一个案例，验证MAC和端口的绑定。

案例15 二层交换机MAC与IP的绑定

1. 知识点回顾

通信网络中每个结点必须有一个网络层的IP地址与链路层的MAC地址，可以起到唯一标识的作用。在交换机上将MAC地址与IP地址进行绑定之后，接入网络的特定主机只有使用给其绑定的IP地址才可以进行正常通信。对于网络管理员来说，可以更加方便地控制、管理网络。

2. 案例目的

➢ 了解什么情况下需要将MAC与IP绑定。
➢ 了解如何在接入交换机上配置MAC与IP的绑定。

3. 应用环境

在学校机房或者网吧等需要固定IP地址上网的场所，为了防止用户任意修改IP地址，造成IP地址冲突，可以使用MAC与IP绑定技术。将MAC、IP和端口绑定在一起，使用户不能随便修改IP地址，不能随便更改接入端口，从而使内部网络从管理上更加完善。

使用交换机的AM功能可以将MAC与IP进行绑定，AM（Access Management，访问管理）利用收到数据报文的信息（如源IP地址和源MAC地址）与配置硬件地址池相比较，如果找到则转发，否则丢弃。

4. 设备需求

➢ 交换机1台。
➢ 计算机两台。
➢ Console线1~2根。
➢ 直通网线若干。

5. 案例拓扑

案例拓扑图如图15-1所示。

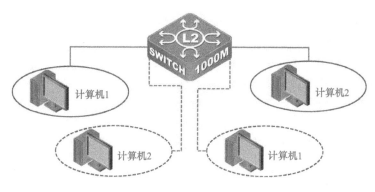

图　15-1

6. 案例需求

1）按照图15-1搭建网络。

2）将交换机的IP地址设置为192.168.1.11/24，将计算机1的IP地址设置为192.168.1.101/24，将计算机2的IP地址设置为192.168.1.102/24。

3）在交换机0/0/1端口上将计算机1的IP、MAC与端口进行绑定。计算机1在0/0/1上ping交换机的IP，检验理论是否和案例一致。

4）计算机2在0/0/1上ping交换机的IP，检验理论是否和案例一致。

5）计算机1和计算机2在其他端口上ping交换机的IP，检验理论是否和案例一致。

7. 实现步骤

1）基础环境配置。

① 得到计算机1的MAC地址（00-1F-E2-66-70-18），如图15-2所示。

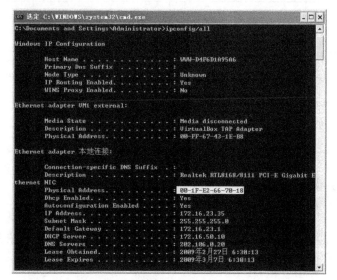

图　15-2

② 交换机全部恢复出厂设置，配置交换机的IP地址。

switch(Config)#interface vlan 1

switch(Config-If-Vlan1)#ip address 192.168.1.11 255.255.255.0

switch(Config-If-Vlan1)#no shut

switch(Config-If-Vlan1)#exit

switch(Config)#

2）配置交换机MAC地址与IP地址绑定。

① 使能AM功能。

switch(Config)#am enable

switch(Config)#interface ethernet 0/0/1

switch(Config-Ethernet0/0/1)#am mac-ip-pool 00-1F-E2-66-70-18192.168.1.101

switch(Config-Ethernet0/0/1)#exit

验证配置：

switch#show am

Am is enabled

Interface Ethernet0/0/1

　　am mac-ip-pool 00-1F-E2-66-70-18192.168.1.101 USER_CONFIG

② 解锁其他端口。

switch(Config)#interface ethernet 0/0/2

switch(Config-Ethernet0/0/2)#no am port

switch(Config)#interface ethernet 0/0/3-20

switch(Config-Ethernet0/0/3-20)#no am port

3）测试结果与分析，见表15-1。

表　15-1

计算机	端　　口	ping	结　　果
计算机1	0/0/1	192.168.1.11	通
计算机1	0/0/7	192.168.1.11	通
计算机1	0/0/21	192.168.1.11	不通
计算机2	0/0/1	192.168.1.11	不通
计算机2	0/0/7	192.168.1.11	通
计算机2	0/0/21	192.168.1.11	不通

8. 注意事项和排错

➤ AM的默认动作是：拒绝通过（deny），当AM使能时，AM模块会拒绝所有的IP报文通过（只允许IP地址池内的成员源地址通过），AM禁止时，AM会删除所有的地址池。

> ➢ 对AM，由于其硬件资源有限，每个block（8个端口）最多只能配置256条表项。
> ➢ AM资源要求用户配置的IP地址和MAC地址不能冲突，也就是说，同一个交换机上的不同用户不允许出现相同的IP或MAC配置。

9. 案例总结

配置MAC地址与IP地址的绑定功能后，当计算机从交换机的任何端口接入网络时只有使用相对应的IP地址才可以进行正常的通信，在此基础上网络管理员可以针对此IP地址进行相应的策略配置与管理。

10. 共同思考

AM和端口安全有什么区别？

11. 课后练习

自行设计一个案例，验证AM功能。

案例16 生成树案例

1. 知识点回顾

为了增加网络的整体可靠性，需要部署链路级别或者设备级别的备份，在链路层进行备份的同时会带来新的问题—— 二层环路问题。生成树是解决二层环路问题的一种技术。生成树通过逻辑阻塞环路中的一条链路从而达到消除环路的目的，当网络拓扑变化时，生成树会重新进行计算收敛。

2. 案例目的

➤ 了解生成树协议的作用。
➤ 熟悉生成树协议的配置。

扫码看视频

3. 应用环境

交换机之间具有冗余链路本来是一件很好的事情，但是有可能它引起的问题比能够解决的问题还要多。如果真的准备两条以上的路，就必然形成了一个环路，交换机并不知道如何处理环路，只是周而复始地转发帧，形成一个"死循环"，这个死循环会造成整个网络处于阻塞状态，导致网络瘫痪。

采用生成树协议可以避免环路。生成树协议的根本目的是将一个存在物理环路的交换网络变成一个没有环路的逻辑树形网络。IEEE 802.1d协议通过在交换机上运行一套复杂的算法STA（Spanning Tree Algorithm），使冗余端口置于"阻断状态"，使得接入网络的计算机在与其他计算机进行通信时，只有一条链路生效，而当这个链路出现故障无法使用时，IEEE 802.1d协议会重新计算网络链路，将处于"阻断状态"的端口重新打开，从而既保障了网络正常运转，又保证了冗余能力。

4. 设备需求

➤ 交换机两台。
➤ 计算机两台。
➤ Console线1～2根。

> 直通网线4~8根。

5. 案例拓扑

案例拓扑图如图16-1所示。

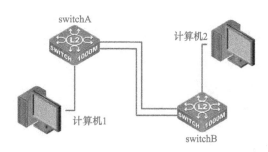

图　16-1

6. 案例需求

1）按照图16-1搭建网络。

2）配置生成树，查看生成树的状态。

3）使用计算机1与计算机2进行ping测试。

7. 实现步骤

1）基础环境配置。

① 正确连接网线，恢复出厂设置之后，进行初始配置。

交换机A：

```
switch#config
switch(Config)#hostname  switchA
switchA(Config)#interface  vlan  1
switchA(Config-If-Vlan1)#ip  address  192.168.1.11  255.255.255.0
switchA(Config-If-Vlan1)#no  shutdown
switchA(Config-If-Vlan1)#exit
switchA(Config)#
```

交换机B：

```
switch#config
switch(Config)#hostname  switchB
switchB(Config)#interface  vlan  1
switchB(Config-If-Vlan1)#ip  address  192.168.1.12  255.255.255.0
switchB(Config-If-Vlan1)#no  shutdown
```

switchB(Config-If-Vlan1)#exit

switchB(Config)#

② "PC1 ping PC2 –t " 观察现象。

a）ping不通。

b）所有连接网线的端口的绿灯很频繁地闪烁，表明该端口收发数据量很大，已经在交换机内部形成广播风暴。

c）使用命令"show cpu usage"观察两台交换机的CPU使用率。

switchA#sh cpu usage

Last   5 second CPU IDLE: 96%

Last 30 second CPU IDLE: 96%

Last   5 minute CPU IDLE: 97%

From running   CPU IDLE: 97%

switchB#sh cpu usage

Last   5 second CPU IDLE: 96%

Last 30 second CPU IDLE: 97%

Last   5 minute CPU IDLE: 97%

From running   CPU IDLE: 97%

2）在两台交换机中都使用生成树协议。

switchA(Config)#spanning-tree

MSTP is starting now, please wait...

MSTP is enabled successfully.

switchA(Config)#

switchB(Config)#spanning-tree

MSTP is starting now, please wait...

MSTP is enabled successfully.

switchB(Config)#

验证配置：

switchA#show spanning-tree

　　　　　　-- MSTPBridge Config Info --

Standard   : IEEE 802.1s

Bridge MAC :   00:03:0f:0f:6e:ad

Bridge Times: Max Age 20, Hello Time 2, Forward Delay 15

Force Version: 3

```
######################### Instance 0 #########################
SelfBridge Id    : 32768 -   00:03:0f:0f:6e:ad
Root Id          : 32768.00:03:0f:0b:f8:12
Ext.RootPathCost : 200000
Region Root Id   : this switch
Int.RootPathCost : 0
Root Port ID     : 128.1
Current port list in Instance 0:
Ethernet0/0/1 Ethernet0/0/2 (Total 2)
```

PortName	ID	ExtRPC	IntRPC	State	Role	DsgBridge	DsgPort
Ethernet0/0/1	128.001	0	0	FWD	ROOT	32768.00030f0bf812	128.003
Ethernet0/0/2	128.002	0	0	BLK	ALTR	32768.00030f0bf812	128.004

```
switchB#show spanning-tree
            -- MSTPBridge Config Info --

Standard     :  IEEE 802.1s
Bridge MAC :   00:03:0f:0b:f8:12
Bridge Times :  Max Age 20, Hello Time 2, Forward Delay 15
Force Version :  3


######################### Instance 0 #########################
SelfBridge Id    : 32768 -   00:03:0f:0b:f8:12
Root Id          : this switch
Ext.RootPathCost : 0
Region Root Id   : this switch
Int.RootPathCost : 0
Root Port ID     : 0
Current port list in Instance 0:
Ethernet0/0/3 Ethernet0/0/4 (Total 2)
```

PortName	ID	ExtRPC	IntRPC	State	Role	DsgBridge	DsgPort
Ethernet0/0/3	128.003	0	0	FWD	DSGN	32768.00030f0bf812	128.003
Ethernet0/0/4	128.004	0	0	FWD	DSGN	32768.00030f0bf812	128.004

从show中可以看出，交换机B是根交换机，交换机A的1端口是根端口。

3）测试结果与分析。

① 拔掉交换机B端口4的网线，观察现象。

② 再插上交换机B端口4的网线，观察现象。

8. 注意事项和排错

➤ 如果想在交换机上运行MSTP，首先必须在全局打开MSTP开关。在没有打开全局MSTP开关之前，打开端口的MSTP开关是不允许的。

➤ MSTP定时器参数之间是有相关性的，错误配置可能导致交换机不能正常工作。各定时器之间的关联关系如下：

① $2 \times (Bridge\_Forward\_Delay - 1.0 \text{ seconds}) \geqslant Bridge\_Max\_Age$

② $Bridge\_Max\_Age \geqslant 2 \times (Bridge\_Hello\_Time + 1.0 \text{ seconds})$

➤ 用户在修改MSTP参数时，应该清楚所产生的各个拓扑。除了全局的基于网桥的参数配置外，其他的是基于各个实例的配置，在配置时一定要注意配置参数对应的实例是否正确。

➤ 交换机的端口MSTP功能与端口MAC绑定、802.1x和设置端口为路由端口功能互斥。当端口已经配置MAC绑定、802.1x或设置端口为路由端口时，无法在该端口启动MSTP功能。

9. 案例总结

通过配置生成树案例，可以发现在网络中有二层环路存在时生成树会消除环路，保证网络的整体可靠性。当正常使用的链路出现故障时，被生成树阻塞的链路会由阻塞状态变为转发状态来承担数据的转发功能。

10. 共同思考

1）生成树协议如何选取根端口和指定端口。

2）MSTP通过怎样的策略可以使备份链路实现快速启用。

11. 课后练习

1）使用4根网线连接两台交换机，观察根端口的选择，观察备份线路启用时的debug信息。

2）使用"spanning-tree"命令来进行上面的案例，体验备份链路启用和断开所需的时间。

案例17 多实例生成树案例

1. 知识点回顾

单生成树的场景下最终实现的效果就是阻塞一条链路来消除二层环路，所有业务数据流都通过一条未被阻塞的链路来进行转发，此时设备与链路并没有被充分使用。在多生成树的场景下，数据业务可以进行均匀的负载分担及流量的合理分配。

2. 案例目的

➤ 了解多实例生成树协议的作用。
➤ 熟悉多实例生成树协议的配置。

3. 应用环境

相对于基本生成树，多实例生成树允许多个具有相同拓扑的VLAN映射到一个生成树实例上，而这个生成树拓扑同其他生成树实例相互独立。这种机制为映射到它的VLAN的数据流量提供了独立的发送路径，实现了不同实例间VLAN数据流量的负载分担。

由于多个VLAN可以映射到一个单一的生成树实例，因此IEEE 802.1s委员会提出了MST域的概念，用来解决如何判断某个VLAN映射到哪个生成树实例的问题。在这个案例环境中进一步理解多VLAN的生成树协议原理和实际拓扑生成。

4. 设备需求

➤ 交换机两台。
➤ 计算机两台。
➤ Console线1～2根。
➤ 直通网线4～8根。

5. 案例拓扑

案例拓扑图如图17-1所示。

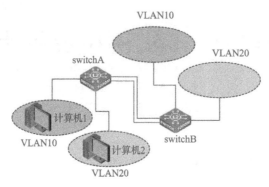

图 17-1

6. 案例需求

1）按照图17-1搭建网络。

2）配置多实例生成树，通过"Show spanning-tree mst"观察到不同实例中Trunk链路的阻塞状况。

3）实现VLAN10只通过23口，VLAN20只通过24口，用多实例生成树完成数据流量的负载均衡。

7. 实现步骤

1）基础环境配置。

正确连接网线，恢复出厂设置之后，配置交换机的VLAN信息，配置端口到VLAN的映射关系。

交换机A：

```
switchA#config
switchA(Config)#vlan10
switchA(Config-vlan10)#switchport interface ethernet 0/0/1-8
Set the port Ethernet0/0/1 access vlan10 successfully
Set the port Ethernet0/0/2 access vlan10 successfully
Set the port Ethernet0/0/3 access vlan10 successfully
Set the port Ethernet0/0/4 access vlan10 successfully
Set the port Ethernet0/0/5 access vlan10 successfully
Set the port Ethernet0/0/6 access vlan10 successfully
Set the port Ethernet0/0/7 access vlan10 successfully
Set the port Ethernet0/0/8 access vlan10 successfully
```

switchA(Config-vlan10)#exit

switchA(Config)#vlan20

switchA(Config-vlan20)#switchport interface ethernet 0/0/9-16

Set the port Ethernet0/0/9 access vlan20 successfully

Set the port Ethernet0/0/10 access vlan20 successfully

Set the port Ethernet0/0/11 access vlan20 successfully

Set the port Ethernet0/0/12 access vlan20 successfully

Set the port Ethernet0/0/13 access vlan20 successfully

Set the port Ethernet0/0/14 access vlan20 successfully

Set the port Ethernet0/0/15 access vlan20 successfully

Set the port Ethernet0/0/16 access vlan20 successfully

switchA(Config-vlan20)#exit

switchA(Config)#interface ethernet 0/0/23-24

switchA(Config-If-Port-Range)#switchport mode trunk

Set the port Ethernet0/0/23 mode TRUNK successfully

Set the port Ethernet0/0/24 mode TRUNK successfully

switchA(Config-If-Port-Range)#exit

switchA(Config)#

交换机B：

switchB#config

switchB(Config)#vlan10

switchB(Config-vlan10)#switchport interface ethernet 0/0/1-8

Set the port Ethernet0/0/1 access vlan10 successfully

Set the port Ethernet0/0/2 access vlan10 successfully

Set the port Ethernet0/0/3 access vlan10 successfully

Set the port Ethernet0/0/4 access vlan10 successfully

Set the port Ethernet0/0/5 access vlan10 successfully

Set the port Ethernet0/0/6 access vlan10 successfully

Set the port Ethernet0/0/7 access vlan10 successfully

Set the port Ethernet0/0/8 access vlan10 successfully

switchB(Config-vlan10)#exit

switchB(Config)#vlan20

switchB(Config-vlan20)#switchport interface ethernet 0/0/9-16

Set the port Ethernet0/0/9 access vlan20 successfully

Set the port Ethernet0/0/10 access vlan20 successfully

Set the port Ethernet0/0/11 access vlan20 successfully

Set the port Ethernet0/0/12 access vlan20 successfully

Set the port Ethernet0/0/13 access vlan20 successfully

Set the port Ethernet0/0/14 access vlan20 successfully

Set the port Ethernet0/0/15 access vlan20 successfully

Set the port Ethernet0/0/16 access vlan20 successfully

switchB(Config-vlan20)#exit

switchB(Config)#interface ethernet 0/0/23-24

switchB(Config-If-Port-Range)#switchport mode trunk

Set the port Ethernet0/0/23 mode TRUNK successfully

Set the port Ethernet0/0/24 mode TRUNK successfully

switchB(Config-If-Port-Range)#exit

switchB(Config)#

2）配置多实例生成树。

① 在交换机A、B上分别将VLAN10映射到实例1上，将VLAN20映射到实例2上。

交换机A：

switchA(Config)#spanning-tree mst configuration

switchA(Config-Mstp-Region)#name mstp

switchA(Config-Mstp-Region)#instance 1 vlan 10

switchA(Config-Mstp-Region)#instance 2 vlan 20

switchA(Config-Mstp-Region)#exit

switchA(Config)#spanning-tree

MSTP is starting now, please wait...

MSTP is enabled successfully.

交换机B：

switchB(Config)#spanning-tree mst configuration

switchB(Config-Mstp-Region)#name mstp

switchB(Config-Mstp-Region)#instance 1 vlan10

switchB(Config-Mstp-Region)#instance 2 vlan20

switchB(Config-Mstp-Region)#exit

switchB(Config)#spanning-tree

MSTP is starting now, please wait...

MSTP is enabled successfully.

② 在根交换机中配置端口在不同实例中的优先级，确保不同实例阻塞不同端口。

查找根交换机：

switchA#show spanning-tree

-- MSTPBridge Config Info --

Standard   : IEEE 802.1s

Bridge MAC   : 00:03:0f:0b:f8:12

Bridge Times : Max Age 20, Hello Time 2, Forward Delay 15

Force Version : 3

####################### Instance 0 #######################

SelfBridge Id : 32768 - 00:03:0f:0b:f8:12

Root Id   : this switch

Ext.RootPathCost: 0

Region Root Id : this switch

Int.RootPathCost : 0

Root Port ID   : 0

Current port list in Instance 0:

···························

从show中可以看出，交换机A是根交换机，在根交换机上修改Trunk端口在不同实例中的优先级。

switchA(Config)#interface ethernet 0/0/23

switchA(Config-If-Ethernet0/0/23)#spanning-tree mst 1 port-priority 32

switchA(Config-If-Ethernet0/0/23)#exit

switchA(Config)#interface ethernet 0/0/24

switchA(Config-If-Ethernet0/0/24)#spanning-tree mst 2 port-priority 32

switchA(Config-If-Ethernet0/0/24)#exit

switchA(Config)#

3）测试结果与分析。

① 配置交换机B上各VLAN所属的loopback端口，保证各VLAN在线。

switchB(Config)#interface ethernet 0/0/1

switchB(Config-If-Ethernet0/0/1)#loopback

switchB(Config-If-Ethernet0/0/1)#exit

switchB(Config)#interface ethernet 0/0/9

switchB(Config-If-Ethernet0/0/9)#loopback

switchB(Config-If-Ethernet0/0/9)#exit

② 用"show spanning-tree mst"观察各实例现象。

switchA#show spanning-tree mst

####################### Instance 0 #######################

vlans mapped   : 1-9;11-19;21-4094

Self Bridge Id : 32768.00:03:0f:0b:f8:12

Root Id   : this switch

Root Times   : Max Age 20, Hello Time 2, Forward Delay 15 ,max hops 20

PortName	ID	ExtRPC	IntRPC	State	Role	DsgBridge	DsgPort
Ethernet0/0/1	128.001	0	0	FWD	DSGN	32768.00030f0bf812	128.001
Ethernet0/0/9	128.009	0	0	FWD	DSGN	32768.00030f0bf812	128.009
Ethernet0/0/23	128.023	0	0	FWD	DSGN	32768.00030f0bf812	128.023
Ethernet0/0/24	128.024	0	0	FWD	DSGN	32768.00030f0bf812	128.024

####################### Instance 1 #######################

vlans mapped   : 10

Self Bridge Id : 32768-00:03:0f:0b:f8:12

Root Id   : this switch

PortName	ID	IntRPC	State	Role	DsgBridge	DsgPort

```
------------------- ------- ---------- --- ----- ------------------ -------
Ethernet0/0/1  128.001              0 FWD DSGN 32768.00030f0bf812 128.001
Ethernet0/0/23 032.023              0 FWD DSGN 32768.00030f0bf812 032.023
Ethernet0/0/24 128.024              0 FWD DSGN 32768.00030f0bf812 128.024
######################### Instance 2 #########################
vlans mapped       : 20
Self Bridge Id     : 32768-00:03:0f:0b:f8:12
Root Id            : this switch
   PortName       ID     IntRPC    State Role    DsgBridge        DsgPort
------------------- ------- ---------- --- ----- ------------------ -------

Ethernet0/0/9  128.009              0 FWD DSGN 32768.00030f0bf812 128.009

Ethernet0/0/23 128.023              0 FWD DSGN 32768.00030f0bf812 128.023

Ethernet0/0/24 032.024              0 FWD DSGN 32768.00030f0bf812 032.024

######################### Instance 3 #########################


SWITCHB(config)#sh spanning-tree mst
######################### Instance 0 #########################
vlans mapped       : 1-9;11-19;21-4094
Self Bridge Id     : 32768.00:03:0f:0f:6e:ad
Root Id            : 32768.00:03:0f:0b:f8:12
Root Times         : Max Age 20, Hello Time 2, Forward Delay 15 ,max hops 19
   PortName       ID    ExtRPC    IntRPC    State Role   DsgBridge       DsgPort
------------------- ------- ---------- ---------- --- ----- ------------------ --------

Ethernet0/0/1  128.001          0    200000 FWD DSGN 32768.00030f0f6ead 128.001

Ethernet0/0/9  128.009          0    200000 FWD DSGN 32768.00030f0f6ead 128.009

Ethernet0/0/22 128.022          0    200000 FWD DSGN 32768.00030f0f6ead 128.022

Ethernet0/0/23 128.023          0         0 FWD ROOT 32768.00030f0bf812 128.023

Ethernet0/0/24 128.024          0         0 BLK ALTR 32768.00030f0bf812 128.024

######################### Instance 1 #########################
vlans mapped       : 10
Self Bridge Id     : 32768-00:03:0f:0f:6e:ad
Root Id            : 32768.00:03:0f:0b:f8:12
   PortName       ID     IntRPC    State Role    DsgBridge        DsgPort
------------------- ------- ---------- --- ----- ------------------ -------

Ethernet0/0/1  128.001     200000 FWD DSGN 32768.00030f0f6ead 128.001

Ethernet0/0/23 128.023          0 FWD ROOT 32768.00030f0bf812 032.023

Ethernet0/0/24 128.024          0 BLK ALTR 32768.00030f0bf812 128.024

######################### Instance 2 #########################
vlans mapped       : 20
Self Bridge Id  : 32768-00:03:0f:0f:6e:ad
Root Id            : 32768.00:03:0f:0b:f8:12
   PortName       ID     IntRPC    State Role    DsgBridge        DsgPort
------------------- ------- ---------- --- ----- ------------------ -------
```

Ethernet0/0/9 128.009   200000 FWD DSGN 32768.00030f0f6ead 128.009
Ethernet0/0/23 128.023   0 BLK ALTR 32768.00030f0bf812 128.023
Ethernet0/0/24 128.024   0 FWD ROOT 32768.00030f0bf812 032.024

8. 注意事项和排错

➤ MSTP仅是多个VLAN共享同一个拓扑实例，其作为生成树的形成过程及分析方法
与传统生成树一致。

9. 案例总结

通过部署多实例生成树可以实现基于流量的负载分担，正常情况下数据流量按照配置
规划进行转发。当某条链路出现问题时，流量会自动切换到正常的链路上，以增加数据业
务的可靠性。

10. 共同思考

1）多实例生成树协议如何选取根端口和指定端口。
2）MSTP通过怎样的策略可以使备份链路实现快速启用。

11. 课后练习

1）使用4根网线连接两台交换机，观察根端口的选择，观察备份线路启用时的debug
信息。
2）使用"spanning-tree"命令来进行上面的案例，体验备份链路启用和断开所需要的
时间。

案例18 交换机链路聚合

1. 知识点回顾

配置链路聚合技术可以有效增加链路带宽、提高网络的整体稳定性。将多条属性相同的链路进行逻辑上的捆绑，当作一条链路使用。

2. 案例目的

扫码看视频

- ➤ 了解链路聚合技术的使用场合。
- ➤ 熟练掌握链路聚合技术的配置。

3. 应用环境

两个案例室各自使用一台交换机提供20多个信息点，两个案例室通过一根级联网线互通。每个案例室的信息点都是百兆带宽到桌面。两个案例室之间的带宽也是100MB，如果案例室之间需要大量传输数据，就会明显感觉带宽资源紧张。当楼层之间大量用户都希望以100MB传输数据时，楼层间的链路就会呈现独木桥的状态，必然造成网络传输效率下降。解决这个问题的方法就是提高楼层主交换机之间的连接带宽，可以采用千兆端口替换原来的100MB端口，但这样无疑会增加组网的成本，需要更新端口模块，并且线缆也需要进一步升级。另一种相对经济的升级办法就是链路聚合技术。

4. 设备需求

- ➤ 交换机两台。
- ➤ 计算机两台。
- ➤ Console线1~2根。
- ➤ 直通网线4~8根。

5. 案例拓扑

案例拓扑图如图18-1所示。

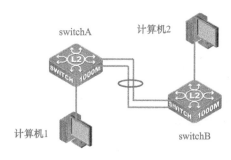

图　18-1

6. 案例需求

1）按照图18-1搭建网络。

2）配置链路聚合技术，见表18-1。

表　18-1

设　　备	IP	Mask	端　　口
交换机A	192.168.1.11	255.255.255.0	0/0/1-2 trunking
交换机B	192.168.1.12	255.255.255.0	0/0/3-4 trunking
计算机1	192.168.1.101	255.255.255.0	交换机A0/0/23
计算机2	192.168.1.102	255.255.255.0	交换机B0/0/24

3）如果链路聚合成功，则计算机1可以ping通计算机2。

7. 实现步骤

1）基础环境配置。

正确连接网线，交换机全部恢复出厂设置，进行初始配置，避免广播风暴出现。

交换机A：

switch#config

switch(Config)#hostname switchA

switchA(Config)#interface vlan1

switchA(Config-If-vlan1)#ip address 192.168.1.11 255.255.255.0

switchA(Config-If-vlan1)#no shutdown

switchA(Config-If-vlan1)#exit

switchA(Config)#spanning-tree

MSTP is starting now, please wait...

MSTP is enabled successfully.

switchA(Config)#

交换机B：

switch#config

switch(Config)#hostname switchB

switchB(Config)#interface vlan1

switchB(Config-If-vlan1)#ip address 192.168.1.12 255.255.255.0

switchB(Config-If-vlan1)#no shutdown

switchB(Config-If-vlan1)#exit

switchB(Config)#spanning-tree

MSTP is starting now, please wait...

MSTP is enabled successfully.

switchB(Config)#

2）配置链路聚合。

① 创建port group。

交换机A：

switchA(Config)#port-group 1

switchA(Config)#

验证配置：

switchA#show port-group brief

Port-group number : 1

the attributes of the port-group are as follows:

Number of ports in port-group : 2   Maxports in port-channel = 8

Number of port-channels : 1   Max port-channels : 1

switchA#

交换机B：

switchB(Config)#port-group 2

switchB(Config)#

② 手工生成链路聚合组。

交换机A：

switchA(Config)#interface ethernet 0/0/1-2

switchA(Config-Port-Range)#port-group 1 mode on

switchA(Config-Port-Range)#exit

switchA(Config)#interface port-channel 1

switchA(Config-If-Port-Channel1)#

验证配置：

switchA#show vlan

VLAN	Name	Type	Media	Ports	
1	default	Static	ENET	Ethernet0/0/3	Ethernet0/0/4
				Ethernet0/0/5	Ethernet0/0/6
				Ethernet0/0/7	Ethernet0/0/8
				Ethernet0/0/9	Ethernet0/0/10
				Ethernet0/0/11	Ethernet0/0/12
				Ethernet0/0/13	Ethernet0/0/14
				Ethernet0/0/15	Ethernet0/0/16
				Ethernet0/0/17	Ethernet0/0/18
				Ethernet0/0/19	Ethernet0/0/20
				Ethernet0/0/21	Ethernet0/0/22
				Ethernet0/0/23	Ethernet0/0/24

Port-Channel1

switchA#   ! port-channel1已经存在

交换机B：

switchB(Config)#int e 0/0/3-4

switchB(Config-Port-Range)#port-group 2 mode on

switchB(Config-Port-Range)#exit

switchB(Config)#interface port-channel 2

switchB(Config-If-Port-Channel2)#

验证配置：

switchB#show port-group brief

Port-group number : 2

the attributes of the port-group are as follows:

Number of ports in port-group : 2   Maxports in port-channel = 8

Number of port-channels : 1   Max port-channels : 1

switchB#

③ LACP动态生成链路聚合组。

交换机A：

switchA(Config)#interface ethernet 0/0/1-2

switchA(Conifg-Port-Range)#port-group 1 mode active

switchA(Config)#interface port-channel 1

switchA(Config-If-Port-Channel1)#

验证配置：

switchA#show vlan

VLAN	Name	Type	Media	Ports	
1	default	Static	ENET	Ethernet0/0/3	Ethernet0/0/4
				Ethernet0/0/5	Ethernet0/0/6
				Ethernet0/0/7	Ethernet0/0/8
				Ethernet0/0/9	Ethernet0/0/10
				Ethernet0/0/11	Ethernet0/0/12
				Ethernet0/0/13	Ethernet0/0/14
				Ethernet0/0/15	Ethernet0/0/16
				Ethernet0/0/17	Ethernet0/0/18
				Ethernet0/0/19	Ethernet0/0/20
				Ethernet0/0/21	Ethernet0/0/22
				Ethernet0/0/23	Ethernet0/0/24

```
Port-Channel1
switchA#                                              ! port-channel1已经存在
```

交换机B：

```
switchB(Config)#interface ethernet 0/0/3-4
switchB(Conifg-Port-Range)#port-group 2 mode passive
switchB(Config)#interface port-channel 2
switchB(Config-If-Port-Channel2)#
```

验证配置：

```
switchB#show port-group brief
Port-group number : 2
Number of ports in port-group : 2    Maxports in port-channel = 8
Number of port-channels : 1    Max port-channels : 1
switchB#
```

3）测试结果与分析。

使用计算机1 ping 计算机2进行测试，结果见表18-2。

表 18-2

交 换 机 A	交 换 机 B	结 果	原 因
0/0/1 0/0/2	0/0/3 0/0/4	通	链路聚合组连接正确
0/0/1 0/0/2	0/0/3	通	拔掉交换机B端口4的网线，仍然可以通（需要一点时间），此时用"show vlan"查看结果，port-channel消失。只有一个端口连接时，没有必要再维持一个port-channel
0/0/1 0/0/2	0/0/5 0/0/6	通	等候一小段时间后，仍然是通的。用"show vlan"查看结果

8. 注意事项和排错

➤ 为使Port Channel正常工作，Port Channel的成员端口必须具备以下相同的属性：
① 端口均为全双工模式。
② 端口速率相同。
③ 端口的类型必须一样，如同为以太口或同为光纤口。
④ 端口同为Access端口并且属于同一个VLAN或同为Trunk端口。
⑤ 如果端口为Trunk端口，则其Allowed VLAN和Native VLAN属性也应该相同。
➤ 支持任意两个交换机物理端口的汇聚，最大组数为6个，组内最多的端口数为8个。
➤ 一些命令不能在Port-Channel上的端口使用，包括ARP、Bandwidth、IP、IP-Forward等。
在使用强制生成端口聚合组时，由于汇聚是手工配置触发的，如果端口的VLAN信息不一致导致汇聚失败，则汇聚组一直会停留在没有汇聚的状态，必须通过往该group增加和删除端口来触发端口再次汇聚。如果VLAN信息还是不一致，则仍然不能汇聚成功。直到VLAN信息都一致，并且在增加和删除端口触发汇聚的情况下端口才能汇聚成功。
➤ 检查对端交换机的对应端口是否配置端口聚合组，且要查看配置方式是否相同，如果本端是手工方式，则对端也应该配置成手工方式；如果本端是LACP动态生成，则对端也应该是LACP动态生成，否则端口聚合组不能正常工作。如果两端收发的都是LACP，则至少有一端是主动（Active）状态，否则两端都不会发起LACP数据报。
➤ 一旦Port-Channel形成，所有对于端口的设置只能在Port-Channel端口上进行。
➤ LACP必须与Security和802.1x的端口互斥，如果端口已经配置上述两种协议，就不允许LACP被起用。

9. 案例总结

链路聚合是将几个链路进行聚合处理，这几个链路必须同时连接两个相同的设备，这样进行了链路聚合之后就可以实现几个链路相加的带宽了。例如，可以将4个100MB链路进行链路聚合成一个逻辑链路，这样在全双工条件下就可以达到800MB的带宽。这种方式比较经济，实现也相对容易。

10. 共同思考

手工生成链路聚合组和LACP动态生成链路聚合组有什么区别？

11. 课后练习

1）使用4根网线做链路聚合，通过插拔线缆观察结果。
2）把链路聚合组作为交换机之间的Trunk链路，实现跨交换机的VLAN。

案例19 交换机端口镜像

1. 知识点回顾

简单地说，一般交换机的端口既需要分析里面的流量，又需要不影响原来数据的发送，也就是说原来的端口还是按照原来的方式工作，而复制的端口用来监听或找出网络存在问题的原因。

2. 案例目的

➢ 了解端口镜像技术的使用场合。
➢ 了解端口镜像技术的配置方法。

3. 应用环境

集线器无论收到什么数据，都会将数据按照广播的方式在各个端口发送出去，这个方式虽然造成了网络带宽的浪费，但对网管设备的监听和对网络数据的收集是很有效的。交换机在收到数据帧之后会根据目的地址的类型决定是否需要转发数据，而且如果不是广播数据，则只会将它发送给某一个特定的端口，这样的方式对网络效率的提高很有好处。但对于网管设备来说，在交换机连接的网络中监视所有端口的往来数据似乎变得很困难了。

解决这个问题的办法之一就是在交换机中配置，使交换机将某一端口的流量在必要时镜像给网管设备所在端口，从而实现网管设备对某一端口的监视，这个过程称为端口镜像。

在交换式网络中，对网络数据的分析工作并没有像人们预想的那样变得更加快捷，由于交换机是进行定向转发的设备，因此网络中其他不相关的端口将无法收到其他端口的数据，例如，网管的协议分析软件安装在一台接在端口1下的机器中，而如果想分析端口2与端口3设备之间的数据流量几乎就变得不可能了。

端口镜像技术可以将一个源端口的数据流量完全镜像到另外一个目的端口进行实时分析。利用端口镜像技术，可以把端口2或端口3的数据流量完全镜像到端口1中进行分析。端口镜像完全不影响所镜像端口的工作。

4. 设备需求

➢ 交换机1台。
➢ 计算机3台。
➢ Console线1根。
➢ 直通网线3根。

5. 案例拓扑

案例拓扑图如图19-1所示。

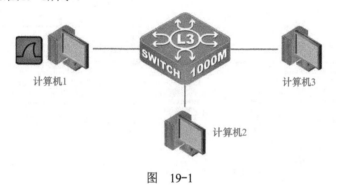

图　19-1

6. 案例需求

1）按照图19-1搭建网络。

2）在交换机中配置，使交换机将某一端口的流量在必要时镜像给网管设备所在端口，从而实现网管设备对某一端口的监视。

7. 实现步骤

1）交换机全部恢复出厂设置，配置端口镜像，将端口2或者端口3的流量镜像到端口1。

```
switch(Config)#monitor session 1 source interface ethernet 0/0/2 ?
    both                   -- Monitor received and transmitted traffic
    rx                     -- Monitor received traffic only
    tx                     -- Monitor transmitted traffic only
<CR>
switch(Config)#monitor session 1 source interface ethernet 0/0/2 both
switch(Config)#monitor session 1 destination interface ethernet 0/0/1
switch(Config)#
```

2）验证配置。

switch#show monitor

source ports:

RX port: 0/0/2

TX port: 0/0/2

Destination Ethernet0/0/1 output packet preserve tag

switch#

3）启动Wireshark，使计算机2 ping计算机3，看是否可以捕捉到数据包，如图19-2所示。

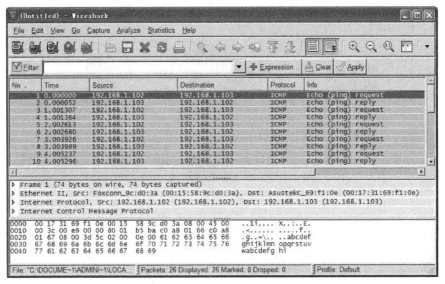

图 19-2

8. 注意事项和排错

➤ 交换机目前只支持一个镜像目的端口，镜像源端口则没有使用上的限制，可以是1个也可以是多个，多个源端口可以在相同的VLAN，也可以在不同VLAN。如果镜像目的端口想要镜像到多个镜像源端口的流量，则镜像目的端口必须要同时属于这些镜像源端口所在的VLAN。

➤ 镜像目的端口不能是端口聚合组成员。

➤ 如果镜像目的端口的吞吐量小于镜像源端口吞吐量的总和，则目的端口无法完全复制源端口的流量。要减少源端口的个数或复制单向的流量，可选择吞吐量更大的端口作为目的端口。

9. 完整配置文档

略。

10. 案例总结

通过案例在交换机中做配置，在必要时使交换机将某一端口的流量镜像给网管设备所在端口，从而实现网管设备对某一端口的监视。

11. 共同思考

端口镜像在交换机重新启动后是否还存在？

12. 课后练习

如图19-3所示，使用端口镜像功能的both、rx、tx参数，熟练掌握端口镜像的使用方法并理解这些参数的不同之处。

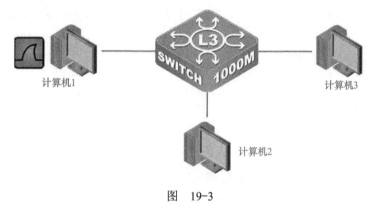

图　19-3

案例20　多层交换机VLAN的
划分和VLAN间路由

1. 知识点回顾

VLAN划分的方式有多种，通常有基于端口、基于MAC、基于子网、基于协议、基于策略。多层交换机的系统为每个VLAN创建一个虚拟的多层 VLAN 接口，这个接口像路由器接口一样工作，接收和转发IP报文。多层VLAN接口连接到多层路由转发引擎上，通过转发引擎在多层 VLAN 接口间转发数据。

2. 案例目的

➤ 了解VLAN原理。
➤ 学会使用各种多层交换设备进行VLAN的划分。
➤ 理解VLAN之间路由的原理和实现方法。

3. 应用环境

软件案例室的IP地址段是192.168.10.0/24，多媒体案例室的IP地址段是192.168.20.0/24，为了保证它们之间的数据互不干扰，也不影响各自的通信效率，划分了VLAN，使两个案例室属于不同的VLAN。

两个案例室有时也需要相互通信，此时就要利用多层交换机划分VLAN。

4. 设备需求

➤ 交换机1台。
➤ 计算机两台。
➤ Console线1根。
➤ 直通网线若干。

5. 案例拓扑

案例拓扑图如图20-1所示。

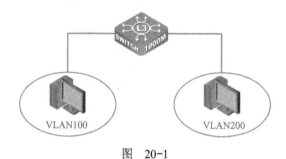

图　20-1

6. 案例需求

1）按照图20-1搭建网络。

2）在交换机上配置VLAN接口IP地址，使用两台主机互相ping，若能ping通，则该通信属于VLAN间通信，要经过多层设备的路由。

3）分析案例结果和理论是否相符。若相符，则本案例完成。

7. 实现步骤

1）交换机恢复出厂设置。

switch#set default

switch#write

switch#reload

2）给交换机设置IP地址（即管理IP）。

switch#config

switch(Config)#interface vlan1

switch(Config-If-vlan1)#ip address 192.168.1.1 255.255.255.0

switch(Config-If-vlan1)#no shutdown

switch(Config-If-vlan1)#exit

switch(Config)#exit

3）创建VLAN100和VLAN200。

switch(Config)#

switch(Config)#vlan100

switch(Config-vlan100)#exit

switch(Config)#vlan200

switch(Config-vlan200)#exit

switch(Config)#

验证配置：

```
switch#show vlan
```

VLAN	Name	Type	Media	Ports	
1	default	Static	ENET	Ethernet0/0/1	Ethernet0/0/2
				Ethernet0/0/3	Ethernet0/0/4
				Ethernet0/0/5	Ethernet0/0/6
				Ethernet0/0/7	Ethernet0/0/8
				Ethernet0/0/9	Ethernet0/0/10
				Ethernet0/0/11	Ethernet0/0/12
				Ethernet0/0/13	Ethernet0/0/14
				Ethernet0/0/15	Ethernet0/0/16
				Ethernet0/0/17	Ethernet0/0/18
				Ethernet0/0/19	Ethernet0/0/20
				Ethernet0/0/21	Ethernet0/0/22
				Ethernet0/0/23	Ethernet0/0/24
				Ethernet0/0/25	Ethernet0/0/26
				Ethernet0/0/27	Ethernet0/0/28
100	vlan0100	Static	ENET		
200	vlan0200	Static	ENET		

4）给VLAN100和VLAN200添加端口。

```
switch(Config)#vlan100                    ！进入VLAN100
switch(Config-vlan100)#switchport interface ethernet 0/0/1-12
Set the port Ethernet0/0/1 access vlan100 successfully
Set the port Ethernet0/0/2 access vlan100 successfully
Set the port Ethernet0/0/3 access vlan100 successfully
Set the port Ethernet0/0/4 access vlan100 successfully
Set the port Ethernet0/0/5 access vlan100 successfully
Set the port Ethernet0/0/6 access vlan100 successfully
Set the port Ethernet0/0/7 access vlan100 successfully
Set the port Ethernet0/0/8 access vlan100 successfully
Set the port Ethernet0/0/9 access vlan100 successfully
Set the port Ethernet0/0/10 access vlan100 successfully
Set the port Ethernet0/0/11 access vlan100 successfully
Set the port Ethernet0/0/12 access vlan100 successfully
switch(Config-vlan100)#exit
switch(Config)#vlan 200                    ！进入vlan200
switch(Config-vlan200)#switchport interface ethernet 0/0/13-24
Set the port Ethernet0/0/13 access vlan200 succcssfully
Set the port Ethernet0/0/14 access vlan200 successfully
```

Set the port Ethernet0/0/15 access vlan200 successfully

Set the port Ethernet0/0/16 access vlan200 successfully

Set the port Ethernet0/0/17 access vlan200 successfully

Set the port Ethernet0/0/18 access vlan200 successfully

Set the port Ethernet0/0/19 access vlan200 successfully

Set the port Ethernet0/0/20 access vlan200 successfully

Set the port Ethernet0/0/21 access vlan200 successfully

Set the port Ethernet0/0/22 access vlan200 successfully

Set the port Ethernet0/0/23 access vlan200 successfully

Set the port Ethernet0/0/24 access vlan200 successfully

switch(Config-vlan200)#exit

验证配置：

switch#show vlan

VLAN	Name	Type	Media	Ports	
1	default	Static	ENET	Ethernet0/0/25	Ethernet0/0/26
				Ethernet0/0/27	Ethernet0/0/28
100	vlan0100	Static	ENET	Ethernet0/0/1	Ethernet0/0/2
				Ethernet0/0/3	Ethernet0/0/4
				Ethernet0/0/5	Ethernet0/0/6
				Ethernet0/0/7	Ethernet0/0/8
				Ethernet0/0/9	Ethernet0/0/10
				Ethernet0/0/11	Ethernet0/0/12
200	vlan0200	Static	ENET	Ethernet0/0/13	Ethernet0/0/14
				Ethernet0/0/15	Ethernet0/0/16
				Ethernet0/0/17	Ethernet0/0/18
				Ethernet0/0/19	Ethernet0/0/20
				Ethernet0/0/21	Ethernet0/0/22
				Ethernet0/0/23	Ethernet0/0/24

switch#

5）验证案例。

配置I的地址见表20-1。

表　20-1

计算机1位置	计算机2位置	动　　作	结　　果
0/0/1-0/0/12端口	0/0/13-0/0/24端口	计算机1 ping计算机2	不通

6）添加VLAN地址。

switch(Config)#interface vlan100

switch(Config-If-vlan100)#%Jan 01 00:00:59 2006 %LINK-5-CHANGED: Interface vlan100, changed state to UP

switch(Config-If-vlan100)#ip address 192.168.10.1 255.255.255.0

switch(Config-If-vlan100)#no shut

switch(Config-If-vlan100)#exit

switch(Config)#interface vlan 200

switch(Config-If-vlan200)#%Jan 01 00:00:59 2006 %LINK-5-CHANGED: Interface vlan100, changed state to UP

switch(Config-If-vlan200)#ip address 192.168.20.1 255.255.255.0

switch(Config-If-vlan200)#no shut

switch(Config-If-vlan200)#exit

switch(Config)#

按要求连接计算机1与计算机2，验证配置：

switch#show ip route

Codes: K - kernel, C - connected, S - static, R - RIP, B - BGP

       O - OSPF, IA - OSPF inter area

       N1 - OSPF NSSA external type 1, N2 - OSPF NSSA external type 2

       E1 - OSPF external type 1, E2 - OSPF external type 2

       i - IS-IS, L1 - IS-IS level-1, L2 - IS-IS level-2, ia - IS-IS inter area

       * - candidate default

C   127.0.0.0/8 is directly connected, Loopback

C   192.168.10.0/24 is directly connected, vlan100

C   192.168.20.0/24 is directly connected, vlan200

switch#

7）验证案例。

配置Ⅱ的地址见表20-2。

表 20-2

计算机1位置	计算机2位置	动　作	结　　果
0/0/1-0/0/12端口	0/0/13-0/0/24端口	PC1 ping PC2	通

8. 注意事项和排错

➤ 和二层交换机不同，多层交换机可以在多个VLAN接口上配置IP地址。

9. 完整配置文档

switch#show run

!

hostname SWITCH28

!

```
vlan1
!
vlan100
!
vlan200
!
Interface Ethernet0/0/1
 switchport access vlan100
!
Interface Ethernet0/0/2
 switchport access vlan100
!
Interface Ethernet0/0/3
 switchport access vlan100
!
Interface Ethernet0/0/4
 switchport access vlan100
!
Interface Ethernet0/0/5
 switchport access vlan100
!
Interface Ethernet0/0/6
 switchport access vlan100
!
Interface Ethernet0/0/7
 switchport access vlan100
!
Interface Ethernet0/0/8
 switchport access vlan100
!
Interface Ethernet0/0/9
 switchport access vlan100
!
Interface Ethernet0/0/10
 switchport access vlan100
!
Interface Ethernet0/0/11
 switchport access vlan100
!
Interface Ethernet0/0/12
 switchport access vlan100
!
```

```
Interface Ethernet0/0/13
 switchport access vlan200
!
Interface Ethernet0/0/14
 switchport access vlan200
!
Interface Ethernet0/0/15
 switchport access vlan200
!
Interface Ethernet0/0/16
 switchport access vlan200
!
Interface Ethernet0/0/17
 switchport access vlan200
!
Interface Ethernet0/0/18
 switchport access vlan200
!
Interface Ethernet0/0/19
 switchport access vlan200
!
Interface Ethernet0/0/20
 switchport access vlan200
!
Interface Ethernet0/0/21
 switchport access vlan200
!
Interface Ethernet0/0/22
 switchport access vlan200
!
Interface Ethernet0/0/23
 switchport access vlan200
!
Interface Ethernet0/0/24
 switchport access vlan200
!
Interface Ethernet0/0/25
!
Interface Ethernet0/0/26
!
Interface Ethernet0/0/27
!
```

```
Interface  Ethernet0/0/28
!
interface vlan1
 ip address 192.168.1.1 255.255.255.0
!
interface vlan100
 ip address 192.168.10.1 255.255.255.0
!
interface vlan200
 ip address 192.168.20.1 255.255.255.0
!
no login
!
end
switch#
```

10. 案例总结

通过本案例的学习，得知VLAN就是把交换机的端口进行划分，实现广播域的隔离。VLAN划分的方式有5种，分别是基于端口、基于MAC、基于协议、基于子网、基于策略。多层交换机路由的方式也非常简单，把相应的端口加入VLAN中，在VLAN接口上配置地址，形成直连路由，最后实现多层交换机中不同VLAN之间互相通信。

11. 共同思考

如果第二次配置IP地址时，没有给计算机配置网关，那么还会通信吗？为什么？

12. 课后练习

如图20-2所示，请给交换机划分多个VLAN，验证VLAN案例，实现主机之间互相通信。

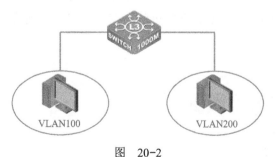

图　20-2

案例21 使用多层交换机实现二层交换机VLAN之间的路由

1. 知识点回顾

多层VLAN接口连接到多层路由转发引擎上，通过转发引擎在多层 VLAN 接口间转发数据。二层交换机划分VLAN的方式有基于端口、基于MAC、基于协议、基于子网、基于策略这几种，所以在VLAN间路由时，首先要合理划分VLAN，然后结合多层交换机实现二层交换机之间互相通信。

2. 案例目的

- ➢ 理解多层交换机的路由原理。
- ➢ 理解多层交换机在实际网络中的常用配置。
- ➢ 回顾二层交换机VLAN的划分方法。
- ➢ 进一步理解802.1q的原理和使用方法。

扫码看视频

3. 应用环境

二层交换机属于接入层交换机。在二层交换机上根据连接用户的不同，划分了不同的VLAN，有时会出现同一个VLAN处于不同的交换机上。这些二层交换机被一台三层交换机所汇聚。因此既需要实现多交换机的跨交换机VLAN通信，又需要实现VLAN间的通信。

4. 设备需求

- ➢ 多层交换机1台。
- ➢ 二层交换机1~2台。
- ➢ 计算机2~4台。

➢　Console线1~3根。

➢　直通网线若干。

5. 案例拓扑

案例拓扑图如图21-1所示。

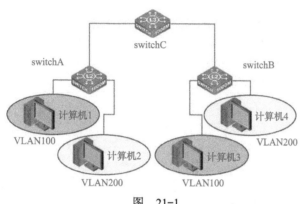

图　21-1

6. 案例需求

1）按照图21-1搭建网络。

2）不给计算机设置网关：计算机1、计算机3分别接在不同交换机VLAN100的成员端口1~8上，两台计算机互相可以ping通；计算机2、计算机4分别接在不同交换机VLAN的成员端口9~16上，两台计算机互相可以ping通；计算机1、计算机3和计算机2、计算机4接在不同VLAN的成员端口上，互相ping不通。

3）计算机设置网关：计算机1、计算机3与计算机2、计算机4接在不同VLAN的成员端口上也可以互相ping通。

4）分析案例结果和理论是否相符。若相符，则本案例完成。

7. 实现步骤

1）交换机恢复出厂设置。

switch#set default

switch#write

switch#reload

2）给交换机设置标示符和管理IP。

交换机A：

switch(Config)#hostname switchA

switchA(Config)#interface vlan 1

switchA(Config-If-Vlan1)#ip address 192.168.1.11 255.255.255.0

switchA(Config-If-Vlan1)#no shutdown

switchA(Config-If-Vlan1)#exit

switchA(Config)#

交换机B：

switch(Config)#hostname switchB

switchB(Config)#interface vlan 1

switchB(Config-If-Vlan1)#ip address 192.168.1.12 255.255.255.0

switchB(Config-If-Vlan1)#no shutdown

switchB(Config-If-Vlan1)#exit

switchB(Config)#

交换机C：

switch#config

switch(Config)#

switch(Config)#hostname switchC

switchC(Config)#interface vlan 1

switchC(Config-If-Vlan1)#ip address 192.168.1.13 255.255.255.0

switchC(Config-If-Vlan1)#no shutdown

switchC(Config-If-Vlan1)#exit

switchC(Config)#exit

switchC#

3）在交换机中创建VLAN100和VLAN200并添加端口。

交换机A：

switchA(Config)#vlan 100

switchA(Config-Vlan100)#

switchA(Config-Vlan100)#switchport interface ethernet 0/0/1-8

switchA(Config-Vlan100)#exit

switchA(Config)#vlan 200

switchA(Config-Vlan200)#switchport interface ethernet 0/0/9-16

switchA(Config-Vlan200)#exit

switchA(Config)#

验证配置：

switchA#show vlan

VLAN	Name	Type	Media	Ports	
1	default	Static	ENET	Ethernet0/0/17	Ethernet0/0/18
				Ethernet0/0/19	Ethernet0/0/20

				Ethernet0/0/21	Ethernet0/0/22
				Ethernet0/0/23	Ethernet0/0/24
100	VLAN0100	Static	ENET	Ethernet0/0/1	Ethernet0/0/2
				Ethernet0/0/3	Ethernet0/0/4
				Ethernet0/0/5	Ethernet0/0/6
				Ethernet0/0/7	Ethernet0/0/8
200	VLAN0200	Static	ENET	Ethernet0/0/9	Ethernet0/0/10
				Ethernet0/0/11	Ethernet0/0/12
				Ethernet0/0/13	Ethernet0/0/14
				Ethernet0/0/15	Ethernet0/0/16

switchA#

交换机B：

配置与交换机A一样。

4）设置交换机Trunk端口。

交换机A：

switchA(Config)#interface ethernet 0/0/24

switchA(Config-Ethernet0/0/24)#switchport mode trunk

Set the port Ethernet0/0/24 mode TRUNK successfully

switchA(Config-Ethernet0/0/24)#switchport trunk allowed vlan all

set the port Ethernet0/0/24 allowed vlan successfully

switchA(Config-Ethernet0/0/24)#exit

switchA(Config)#

验证配置：

switchA#show vlan

VLAN	Name	Type	Media	Ports	
1	default	Static	ENET	Ethernet0/0/17	Ethernet0/0/18
				Ethernet0/0/19	Ethernet0/0/20
				Ethernet0/0/21	Ethernet0/0/22
				Ethernet0/0/23	
				Ethernet0/0/24(T)	
100	VLAN0100	Static	ENET	Ethernet0/0/1	Ethernet0/0/2
				Ethernet0/0/3	Ethernet0/0/4
				Ethernet0/0/5	Ethernet0/0/6
				Ethernet0/0/7	Ethernet0/0/8
				Ethernet0/0/24(T)	
200	VLAN0200	Static	ENET	Ethernet0/0/9	Ethernet0/0/10

Ethernet0/0/11	Ethernet0/0/12
Ethernet0/0/13	Ethernet0/0/14
Ethernet0/0/15	Ethernet0/0/16
Ethernet0/0/24(T)	

switchA#

24口已经出现在VLAN1、VLAN100和VLAN200中，并且24口不是一个普通端口，是Tagged端口。

交换机B：

配置同交换机A。

交换机C：

switchC(Config)#vlan 100

switchC(Config-vlan100)#exit

switchC(Config)#vlan 200

switchC(Config-vlan200)#exit

switchC(Config)#interface ethernet 1/1-2

switchC(Config-Port-Range)#switchport mode trunk

Set the port Ethernet1/1 mode TRUNK successfully

Set the port Ethernet1/2 mode TRUNK successfully

switchC(Config-Port-Range)#switchport trunk allowed vlan all

set the port Ethernet1/1 allowed vlan successfully

set the port Ethernet1/2 allowed vlan successfully

switchC(Config-Port-Range)#exit

switchC(Config)#exit

验证配置：

switchC#show vlan

VLAN	Name	Type	Media	Ports	
1	default	Static	ENET	Ethernet1/1(T)	Ethernet1/2(T)
				Ethernet1/3	Ethernet1/4
				Ethernet1/5	Ethernet1/6
				Ethernet1/7	Ethernet1/8
				Ethernet1/9	Ethernet1/10
				Ethernet1/11	Ethernet1/12
				Ethernet1/13	Ethernet1/14
				Ethernet1/15	Ethernet1/16
				Ethernet1/17	Ethernet1/18

				Ethernet1/19	Ethernet1/20
				Ethernet1/21	Ethernet1/22
				Ethernet1/23	Ethernet1/24
				Ethernet1/25	Ethernet1/26
				Ethernet1/27	Ethernet1/28
100	vlan0100	Static	ENET	Ethernet1/1(T)	Ethernet1/2(T)
200	vlan0200	Static	ENET	Ethernet1/1(T)	Ethernet1/2(T)

switchC#

5）交换机C添加VLAN地址。

switchC(Config)#interface vlan100

switchC(Config-If-vlan100)#ip address 192.168.10.1 255.255.255.0

switchC(Config-If-vlan100)#no shut

switchC(Config-If-vlan100)#exit

switchC(Config)#interface vlan200

switchC(Config-If-vlan100)#ip address 192.168.20.1 255.255.255.0

switchC(Config-If-vlan200)#no shutdown

switchC(Config-If-vlan200)#exit

switchC(Config)#

验证配置：

switch#show ip route

Codes: K - kernel, C - connected, S - static, R - RIP, B - BGP

      O - OSPF, IA - OSPF inter area

      N1 - OSPF NSSA external type 1, N2 - OSPF NSSA external type 2

      E1 - OSPF external type 1, E2 - OSPF external type 2

      i - IS-IS, L1 - IS-IS level-1, L2 - IS-IS level-2, ia - IS-IS inter area

      * - candidate default

C   127.0.0.0/8 is directly connected, Loopback

C   192.168.10.0/24 is directly connected, Vlan100

C   192.168.20.0/24 is directly connected, Vlan200

switch#

6）验证案例。

① 计算机不配置网关，互相ping，查看结果。

② 计算机配置网关，互相ping，查看结果。

8. 注意事项和排错

➢ 查看路由表时，如果某一个网段上没有接入的设备连接在三层交换机上，则这个网段的路由不会被显示出来。

9. 完整配置文档

略。

10. 案例总结

通过对本案例的学习，可以了解到二层交换机属于接入层交换机，在二层交换机上根据连接用户的不同划分了不同的VLAN，有时会出现同一个VLAN处于不同的交换机上。这些二层交换机被一台三层交换机所汇聚。既需要实现多交换机的跨交换机VLAN通信，又需要实现VLAN间的通信，所以需要给VLAN接口配置地址，通过三层的方式实现互通。

11. 共同思考

如果两台多层交换互联，如何进行VLAN的配置？需要把某些端口的模式设置为Trunk吗？

12. 课后练习

如图21-2所示，要求计算机1可以ping通计算机2。

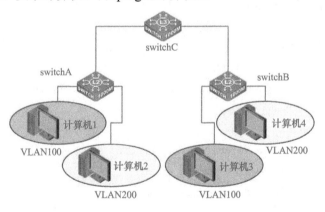

图 21-2

案例22　多层交换机静态路由案例

1. 知识点回顾

多层VLAN接口连接到多层路由转发引擎上，通过转发引擎可以在多层 VLAN 接口间转发数据。静态路由通过手动形式向路由表中添加条目形成表项，使路由器能够获取自己非直连网络的信息，有数据包转发的依据。通常情况下，把多层交换机上的VLAN和静态路由结合起来使用，实现相互通信。

2. 案例目的

➢ 理解多层交换机进行路由的原理和具体实现拓扑。
➢ 理解多层交换机静态路由的配置方法。

3. 应用环境

当两台多层交换机相连时，为了保证每台交换机上所连接的网段可以和另一台交换机上连接的网段互相通信，最简单的方法就是设置静态路由。

4. 设备需求

➢ 交换机两台。
➢ 计算机2～4台。
➢ Console线1～2根。
➢ 直通网线2～4根。

5. 案例拓扑

案例拓扑图如图22-1所示。

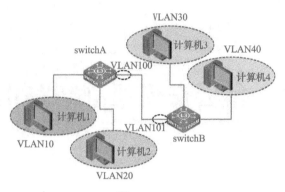

图 22-1

6. 案例需求

1）按照图22-1搭建网络。

2）没有配置静态路由之前，计算机1与计算机2、计算机3与计算机4可以互通，计算机1、计算机2与计算机3、计算机4不通。配置静态路由之后，4台PC之间都可以互通。

3）分析案例结果和理论是否相符，若相符，则本案例完成。

7. 实现步骤

1）交换机全部恢复出厂设置，配置交换机的VLAN信息。

交换机A：

```
switchA#conf
switchA(Config)#vlan10
switchA(Config-vlan10)#switchport interface ethernet 0/0/1-8
Set the port Ethernet0/0/1 access vlan10 successfully
Set the port Ethernet0/0/2 access vlan10 successfully
Set the port Ethernet0/0/3 access vlan10 successfully
Set the port Ethernet0/0/4 access vlan10 successfully
Set the port Ethernet0/0/5 access vlan10 successfully
Set the port Ethernet0/0/6 access vlan10 successfully
Set the port Ethernet0/0/7 access vlan10 successfully
Set the port Ethernet0/0/8 access vlan10 successfully
switchA(Config-vlan10)#exit
switchA(Config)#vlan20
switchA(Config-vlan20)#switchport interface ethernet 0/0/9-16
Set the port Ethernet0/0/9 access vlan20 successfully
Set the port Ethernet0/0/10 access vlan20 successfully
Set the port Ethernet0/0/11 access vlan20 successfully
```

Set the port Ethernet0/0/12 access vlan20 successfully

Set the port Ethernet0/0/13 access vlan20 successfully

Set the port Ethernet0/0/14 access vlan20 successfully

Set the port Ethernet0/0/15 access vlan20 successfully

Set the port Ethernet0/0/16 access vlan20 successfully

switchA(Config-vlan20)#exit

switchA(Config)#vlan100

switchA(Config-vlan100)#switchport interface ethernet 0/0/24

Set the port Ethernet0/0/24 access vlan100 successfully

switchA(Config-vlan100)#exit

switchA(Config)#

验证配置：

switchA#show vlan

VLAN	Name	Type	Media	Ports	
1	default	Static	ENET	Ethernet0/0/17	Ethernet0/0/18
....					
10	VLAN0010	Static	ENET	Ethernet0/0/1	Ethernet0/0/2
				Ethernet0/0/3	Ethernet0/0/4
				Ethernet0/0/5	Ethernet0/0/6
				Ethernet0/0/7	Ethernet0/0/8
20	VLAN0020	Static	ENET	Ethernet0/0/9	Ethernet0/0/10
				Ethernet0/0/11	Ethernet0/0/12
				Ethernet0/0/13	Ethernet0/0/14
				Ethernet0/0/15	Ethernet0/0/16
100	VLAN0100	Static	ENET	Ethernet0/0/24	

switchA#

交换机B：

switchB(Config)#vlan 30

switchB(Config-vlan30)#switchport interface ethernet 0/0/1-8

Set the port Ethernet0/0/1 access vlan30 successfully

Set the port Ethernet0/0/2 access vlan30 successfully

Set the port Ethernet0/0/3 access vlan30 successfully

Set the port Ethernet0/0/4 access vlan30 successfully

Set the port Ethernet0/0/5 access vlan30 successfully

Set the port Ethernet0/0/6 access vlan30 successfully

Set the port Ethernet0/0/7 access vlan30 successfully

Set the port Ethernet0/0/8 access vlan30 successfully

switchB(Config-vlan30)#exit

switchB(Config)#vlan 40

switchB(Config-vlan40)#switchport interface ethernet 0/0/9-16

Set the port Ethernet0/0/9 access vlan40 successfully

Set the port Ethernet0/0/10 access vlan40 successfully

Set the port Ethernet0/0/11 access vlan40 successfully

Set the port Ethernet0/0/12 access vlan40 successfully

Set the port Ethernet0/0/13 access vlan40 successfully

Set the port Ethernet0/0/14 access vlan40 successfully

Set the port Ethernet0/0/15 access vlan40 successfully

Set the port Ethernet0/0/16 access vlan40 successfully

switchB(Config-vlan40)#exit

switchB(Config)#vlan101

switchB(Config-vlan101)#switchport interface ethernet 0/0/24

Set the port Ethernet0/0/24 access vlan101 successfully

switchB(Config-vlan101)#exit

switchB(Config)#

验证配置：

switchB#show vlan

VLAN	Name	Type	Media	Ports	
1	default	Static	ENET	Ethernet0/0/17	Ethernet0/0/18
....					
30	VLAN0030	Static	ENET	Ethernet0/0/1	Ethernet0/0/2
				Ethernet0/0/3	Ethernet0/0/4
				Ethernet0/0/5	Ethernet0/0/6
				Ethernet0/0/7	Ethernet0/0/8
40	VLAN0040	Static	ENET	Ethernet0/0/9	Ethernet0/0/10
				Ethernet0/0/11	Ethernet0/0/12
				Ethernet0/0/13	Ethernet0/0/14
				Ethernet0/0/15	Ethernet0/0/16
101	VLAN0101	Static	ENET	Ethernet0/0/24	

switchB#

2）配置交换机各VLAN虚接口的IP地址。

交换机A：

switchA(Config)#interface vlan10

switchA(Config-If-vlan10)#ip address 192.168.10.1 255.255.255.0

switchA(Config-If-vlan10)#no shut

switchA(Config-If-vlan10)#exit

switchA(Config)#interface vlan 20

switchA(Config-If-vlan20)#ip address 192.168.20.1 255.255.255.0

switchA(Config-If-vlan20)#no shut

switchA(Config-If-vlan20)#exit

switchA(Config)#interface vlan 100

switchA(Config-If-vlan100)#ip address 192.168.100.1 255.255.255.0

switchA(Config-If-vlan100)#no shut

switchA(Config-If-vlan100)#exit

switchA(Config)#

交换机B：

switchB(Config)#interface vlan30

switchB(Config-If-vlan30)#ip address 192.168.30.1 255.255.255.0

switchB(Config-If-vlan30)#no shut

switchB(Config-If-vlan30)#exit

switchB(Config)#interface vlan40

switchB(Config-If-vlan40)#ip address 192.168.40.1 255.255.255.0

switchB(Config-If-vlan40)#exit

switchB(Config)#interface vlan101

switchB(Config-If-vlan101)#ip address 192.168.100.2 255.255.255.0

switchB(Config-If-vlan101)#exit

switchB(Config)#

3）配置各计算机的IP地址，注意配置网关见表22-1。

表　22-1

设　　备	IP　地　址	网　　关	子网掩码
计算机1	192.168.10.101	192.168.10.1	255.255.255.0
计算机2	192.168.20.101	192.168.20.1	255.255.255.0
计算机3	192.168.30.101	192.168.30.1	255.255.255.0
计算机4	192.168.40.101	192.168.40.1	255.255.255.0

4）验证计算机之间是否连通，见表22-2。

表　22-2

计　算　机	端　　口	计　算　机	端　　口	结　　果
计算机1	A：1/1	计算机2	A：1/9	通
计算机1	A：1/1	VLAN 100	A：1/24	通
计算机1	A：1/1	VLAN 101	B：0/0/24	不通
计算机1	A：1/1	计算机3	B：0/0/1	不通

查看路由表，进一步分析上一步现象的原因。

交换机A：

switchA#show ip route

Codes: K - kernel, C - connected, S - static, R - RIP, B - BGP

　　　　O - OSPF, IA - OSPF inter area

　　　　N1 - OSPF NSSA external type 1, N2 - OSPF NSSA external type 2

E1 - OSPF external type 1, E2 - OSPF external type 2

i - IS-IS, L1 - IS-IS level-1, L2 - IS-IS level-2, ia - IS-IS inter area

* - candidate default

C   127.0.0.0/8 is directly connected, Loopback

C   192.168.10.0/24 is directly connected, vlan10

C   192.168.20.0/24 is directly connected, vlan20

C   192.168.100.0/24 is directly connected, vlan100

交换机B：

switchB#show ip route

Codes: K - kernel, C - connected, S - static, R - RIP, B - BGP

      O - OSPF, IA - OSPF inter arca

      N1 - OSPF NSSA external type 1, N2 - OSPF NSSA external type 2

      E1 - OSPF external type 1, E2 - OSPF external type 2

      i - IS-IS, L1 - IS-IS level-1, L2 - IS-IS level-2, ia - IS-IS inter area

      * - candidate default

C   127.0.0.0/8 is directly connected, Loopback

C   192.168.30.0/24 is directly connected, vlan30

C   192.168.40.0/24 is directly connected, vlan40

C   192.168.100.0/24 is directly connected, vlan100

5）配置静态路由。

交换机A：

switchA(Config)#ip route 192.168.30.0 255.255.255.0 192.168.100.2

switchA(Config)#ip route 192.168.40.0 255.255.255.0 192.168.100.2

验证配置：

switchA#show ip route

C   127.0.0.0/8 is directly connected, Loopback

C   192.168.10.0/24 is directly connected, vlan10

C   192.168.20.0/24 is directly connected, vlan20

S   192.168.30.0/24 [1/0] via 192.168.100.2, vlan100

S   192.168.40.0/24 [1/0] via 192.168.100.2, vlan100

C   192.168.100.0/24 is directly connected, vlan100

（S代表静态配置的网段）

交换机B：

switchB(Config)#ip route 192.168.10.0 255.255.255.0 192.168.100.1

switchB(Config)#ip route 192.168.20.0 255.255.255.0 192.168.100.1

验证配置：

switchB#show ip route

C	127.0.0.0/8 is directly connected, Loopback	
S	192.168.10.0/24 [1/0] via 192.168.100.2, vlan100	
S	192.168.20.0/24 [1/0] via 192.168.100.2, vlan100	
C	192.168.30.0/24 is directly connected, vlan30	
C	192.168.40.0/24 is directly connected, vlan30	
C	192.168.100.0/24 is directly connected, vlan100	

6）验证PC之间是否连通，见表22-3。

表　22-3

计　算　机	端　　口	计　算　机	端　　口	结　　果	原　　因
计算机1	A：1/1	计算机2	A：1/9	通	
计算机1	A：1/1	VLAN 100	A：1/24	通	
计算机1	A：1/1	VLAN 101	B：0/0/24	通	
计算机1	A：1/1	计算机3	B：0/0/1	通	

8. 注意事项和排错

➤ 计算机一定要配置正确的网关，否则不能正常通信。

➤ 两台交换机级联的端口可以在同一VLAN，也可以在不同的VLAN。

9. 案例总结

通过本案例可以知道多层交换机进行路由的原理和具体实现拓扑，要实现案例中的主机之间通信，需要配置静态路由，因为静态路由通过手动的形式向路由表中添加条目形成表项，使多层交换机能够获取自己非直连网络的信息，有数据包转发的依据，这样才能实现不同主机间的互相通信。

10. 共同思考

1）如果把交换机B上的VLAN30改成VLAN10，请问两台交换机上的VLAN10是同一个VLAN吗？

2）计算机1 ping VLAN101和计算机1 ping 计算机3都不通，其原因各是什么？

11. 课后练习

1）在交换机A和交换机B上分别划分基于端口的VLAN，见表22-4。

表 22-4

交 换 机	VLAN	端 口 成 员
交换机A	10	2~8
	20	9~16
	100	1
交换机B	10	2~8
	40	9~16
	100	1

2）交换机A和B通过24口级联。

3）配置交换机A和B各VLAN虚拟接口的IP地址，见表22-5。

表 22-5

VLAN10_A	VLAN20	VLAN10_B	VLAN40	VLAN100_A	VLAN100_B
10.1.10.1	10.1.20.1	10.1.30.1	10.1.40.1	10.1.100.1	10.1.100.2

4）计算机1～计算机4的网络设置，见表22-6。

表 22-6

设 备	IP 地 址	网 关	子 网 掩 码
计算机1	10.1.10.2	10.1.10.1	255.255.255.0
计算机2	10.1.20.2	10.1.20.1	255.255.255.0
计算机3	10.1.30.2	10.1.30.1	255.255.255.0
计算机4	10.1.40.2	10.1.40.1	255.255.255.0

5）要求计算机之间都可以通信。

案例23　多层交换机RIP动态路由

1. 知识点回顾

多层交换机的系统为每个VLAN创建一个虚拟的多层 VLAN 接口，这个接口像路由器接口一样工作，接收和转发IP报文。RIP 是一种较为简单的内部网关协议，主要用于规模较小的网络中，如校园网以及结构较简单的地区性网络。由于RIP 的实现较为简单，在配置和维护管理方面也远比 OSPF、IS-IS容易，因此在实际组网中有广泛的应用。

2. 案例目的

➤ 掌握多层交换机之间通过RIP实现网段互通的配置方法。
➤ 理解动态实现方式与静态实现方式的不同。

3. 应用环境

当两台多层交换机互联时，为了保证每台交换机上所连接的网段可以和另一台交换机上连接的网段互相通信，需要使用RIP动态学习路由。

4. 设备需求

➤ 多层交换机两台。
➤ 计算机2~4台。
➤ Console线1~2根。
➤ 直通网线2~4根。

扫码看视频

5. 案例拓扑

案例拓扑图如图23-1所示。

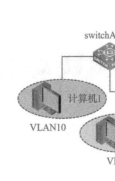

图　23-1

6. 案例需求

1）按照图23-1搭建网络。

2）没有RIP之前，计算机1与计算机2、计算机3与计算机4可以互通，计算机1、计算机2与计算机3、计算机4不通。

3）配置RIP之后，4台计算机之间都可以互通。

4）分析案例结果和理论是否相符，若相符，则本案例完成。

7. 实现步骤

1）交换机全部恢复出厂设置，配置交换机的VLAN信息（同案例21）。

交换机A：

```
switchA#config
switchA(Config)#vlan10
switchA(Config-vlan10)#switchport interface ethernet 0/0/1-8
Set the port Ethernet0/0/1 access vlan10 successfully
Set the port Ethernet0/0/2 access vlan10 successfully
Set the port Ethernet0/0/3 access vlan10 successfully
Set the port Ethernet0/0/4 access vlan10 successfully
Set the port Ethernet0/0/5 access vlan10 successfully
Set the port Ethernet0/0/6 access vlan10 successfully
Set the port Ethernet0/0/7 access vlan10 successfully
Set the port Ethernet0/0/8 access vlan10 successfully
switchA(Config-vlan10)#exit
switchA(Config)#vlan20
switchA(Config-vlan20)#switchport interface ethernet 0/0/9-16
Set the port Ethernet0/0/9 access vlan20 successfully
Set the port Ethernet0/0/10 access vlan20 successfully
```

Set the port Ethernet0/0/11 access vlan20 successfully

Set the port Ethernet0/0/12 access vlan20 successfully

Set the port Ethernet0/0/13 access vlan20 successfully

Set the port Ethernet0/0/14 access vlan20 successfully

Set the port Ethernet0/0/15 access vlan20 successfully

Set the port Ethernet0/0/16 access vlan20 successfully

switchA(Config-vlan20)#exit

switchA(Config)#vlan100

switchA(Config-vlan100)#switchport interface ethernet 0/0/24

Set the port Ethernet0/0/24 access vlan100 successfully

switchA(Config-vlan100)#exit

switchA(Config)#

验证配置:

switchA#show vlan

VLAN	Name	Type	Media	Ports	
1	default	Static	ENET	Ethernet0/0/17	Ethernet0/0/18
				Ethernet0/0/19	Ethernet0/0/20
				Ethernet0/0/21	Ethernet0/0/22
				Ethernet0/0/23	Ethernet0/0/25
				Ethernet0/0/26	Ethernet0/0/27
				Ethernet0/0/28	
10	VLAN0010	Static	ENET	Ethernet0/0/1	Ethernet0/0/2
				Ethernet0/0/3	Ethernet0/0/4
				Ethernet0/0/5	Ethernet0/0/6
				Ethernet0/0/7	Ethernet0/0/8
20	VLAN0020	Static	ENET	Ethernet0/0/9	Ethernet0/0/10
				Ethernet0/0/11	Ethernet0/0/12
				Ethernet0/0/13	Ethernet0/0/14
				Ethernet0/0/15	Ethernet0/0/16
100	VLAN0100	Static	ENET	Ethernet0/0/24	

switchA#

交换机B:

switchB(Config)#vlan30

switchB(Config-vlan30)#switchport interface ethernet 0/0/1-8

Set the port Ethernet0/0/1 access vlan30 successfully

Set the port Ethernet0/0/2 access vlan30 successfully

Set the port Ethernet0/0/3 access vlan30 successfully

Set the port Ethernet0/0/4 access vlan30 successfully

Set the port Ethernet0/0/5 access vlan30 successfully

Set the port Ethernet0/0/6 access vlan30 successfully

Set the port Ethernet0/0/7 access vlan30 successfully

Set the port Ethernet0/0/8 access vlan30 successfully

switchB(Config-vlan30)#exit

switchB(Config)#vlan40

switchB(Config-vlan40)#switchport interface ethernet 0/0/9-16

Set the port Ethernet0/0/9 access vlan40 successfully

Set the port Ethernet0/0/10 access vlan40 successfully

Set the port Ethernet0/0/11 access vlan40 successfully

Set the port Ethernet0/0/12 access vlan40 successfully

Set the port Ethernet0/0/13 access vlan40 successfully

Set the port Ethernet0/0/14 access vlan40 successfully

Set the port Ethernet0/0/15 access vlan40 successfully

Set the port Ethernet0/0/16 access vlan40 successfully

switchB(Config-vlan40)#exit

switchB(Config)#vlan101

switchB(Config-vlan101)#switchport interface ethernet 0/0/24

Set the port Ethernet0/0/24 access vlan 101 successfully

switchB(Config-vlan101)#exit

switchB(Config)#

验证配置：

switchB#show vlan

VLAN	Name	Type	Media	Ports	
1	default	Static	ENET	Ethernet0/0/17	Ethernet0/0/18
				Ethernet0/0/19	Ethernet0/0/20
				Ethernet0/0/21	Ethernet0/0/22
				Ethernet0/0/23	Ethernet0/0/25
				Ethernet0/0/26	Ethernet0/0/27
				Ethernet0/0/28	
10	VLAN0010	Static	ENET	Ethernet0/0/1	Ethernet0/0/2
				Ethernet0/0/3	Ethernet0/0/4
				Ethernet0/0/5	Ethernet0/0/6
				Ethernet0/0/7	Ethernet0/0/8
20	VLAN0020	Static	ENET	Ethernet0/0/9	Ethernet0/0/10
				Ethernet0/0/11	Ethernet0/0/12
				Ethernet0/0/13	Ethernet0/0/14
				Ethernet0/0/15	Ethernet0/0/16

100　　　VLAN0100　　　Static　　　　ENET　　　　Ethernet0/0/24

switchB#

2）配置交换机各VLAN虚拟接口的IP地址（同案例21）。

交换机A：

switchA(Config)#int vlan10

switchA(Config-If-vlan10)#ip address 192.168.10.1 255.255.255.0

switchA(Config-If-vlan10)#no shut

switchA(Config-If-vlan10)#exit

switchA(Config)#int vlan20

switchA(Config-If-vlan20)#ip address 192.168.20.1 255.255.255.0

switchA(Config-If-vlan20)#no shut

switchA(Config-If-vlan20)#exit

switchA(Config)#int vlan100

switchA(Config-If-vlan100)#ip address 192.168.100.1 255.255.255.0

switchA(Config-If-vlan100)#no shut

switchA(Config-If-vlan100)#

switchA(Config-If-vlan100)#exit

switchA(Config)#

交换机B：

switchB(Config)#int vlan30

switchB(Config-If-vlan30)#ip address 192.168.30.1 255.255.255.0

switchB(Config-If-vlan30)#no shut

switchB(Config-If-vlan30)#exit

switchB(Config)#interface vlan 40

switchB(Config-If-vlan40)#ip address 192.168.40.1 255.255.255.0

switchB(Config-If-vlan40)#exit

switchB(Config)#int vlan 101

switchB(Config-If-vlan101)#ip address 192.168.100.2 255.255.255.0

switchB(Config-If-vlan101)#exit

switchB(Config)#

3）配置各计算机的IP地址，注意配置网关（同案例21），见表23-1。

表　23-1

设　　备	IP　地　址	网　　关	子网掩码
计算机1	192.168.10.101	192.168.10.1	255.255.255.0
计算机2	192.168.20.101	192.168.20.1	255.255.255.0
计算机3	192.168.30.101	192.168.30.1	255.255.255.0
计算机4	192.168.40.101	192.168.40.1	255.255.255.0

4）验证计算机之间是否连通，见表23-2。

表 23-2

计算机	端　口	计算机	端　口	结　果	原　因
计算机1	A：0/0/1	计算机2	A：0/0/9	通	
计算机1	A：0/0/1	VLAN 100	A：0/0/24	通	
计算机1	A：0/0/1	VLAN 101	B：0/0/24	不通	
计算机1	A：0/0/1	计算机3	B：0/0/1	不通	

查看路由表，进一步分析上一步现象的原因。

交换机A：

switchA#show ip route

Codes: K - kernel, C - connected, S - static, R - RIP, B - BGP

　　　　O - OSPF, IA - OSPF inter area

　　　　N1 - OSPF NSSA external type 1, N2 - OSPF NSSA external type 2

　　　　E1 - OSPF external type 1, E2 - OSPF external type 2

　　　　i - IS-IS, L1 - IS-IS level-1, L2 - IS-IS level-2, ia - IS-IS inter area

　　　　* - candidate default

C　　　127.0.0.0/8 is directly connected, Loopback

C　　　192.168.10.0/24 is directly connected, vlan10

C　　　192.168.20.0/24 is directly connected, vlan20

C　　　192.168.100.0/24 is directly connected, vlan100

交换机B：

switchB#sho ip route

Codes: K - kernel, C - connected, S - static, R - RIP, B - BGP

　　　　O - OSPF, IA - OSPF inter area

　　　　N1 - OSPF NSSA external type 1, N2 - OSPF NSSA external type 2

　　　　E1 - OSPF external type 1, E2 - OSPF external type 2

　　　　i - IS-IS, L1 - IS-IS level-1, L2 - IS-IS level-2, ia - IS-IS inter area

　　　　* - candidate default

C　　　127.0.0.0/8 is directly connected, Loopback

C　　　192.168.30.0/24 is directly connected, vlan30

C　　　192.168.40.0/24 is directly connected, vlan40

C　　　192.168.101.0/24 is directly connected, vlan101

5）启动RIP，并将对应的直连网段配置到RIP进程中。

交换机A：

switchA(config)#router rip

switchA(config-router)#network vlan10

switchA(config-router)#network vlan20

switchA(config-router)#network vlan100

switchA(config-router)#

交换机B：

switchB(Config)#router rip

switchB(config-router)#network vlan30

switchB(config-router)#network vlan40

switchB(config-router)#network vlan101

switchB(config-router)#

验证配置：

switchA#show ip rip

Codes: R - RIP, K - Kernel, C - Connected, S - Static, O - OSPF, I - IS-IS,
　　　 B - BGP

Network	Next Hop	Metric	From	If	Time
R 192.168.10.0/24		1		vlan10	
R 192.168.20.0/24		1		vlan20	
R 192.168.30.0/24	192.168.100.2	2	192.168.100.2	vlan100	02:36
R 192.168.40.0/24	192.168.100.2	2	192.168.100.2	vlan100	02:36
R 192.168.100.0/24		1		vlan100	

switchA#show ip route

Codes: K - kernel, C - connected, S - static, R - RIP, B - BGP

　　　 O - OSPF, IA - OSPF inter area

　　　 N1 - OSPF NSSA external type 1, N2 - OSPF NSSA external type 2

　　　 E1 - OSPF external type 1, E2 - OSPF external type 2

　　　 i - IS-IS, L1 - IS-IS level-1, L2 - IS-IS level-2, ia - IS-IS inter area

　　　 * - candidate default

C　　　127.0.0.0/8 is directly connected, Loopback

C　　　192.168.10.0/24 is directly connected, vlan10

C　　　192.168.20.0/24 is directly connected, vlan20

R　　　192.168.30.0/24 [120/2] via 192.168.100.2, vlan100, 00:03:00

R　　　192.168.40.0/24 [120/2] via 192.168.100.2, vlan100, 00:03:00

C　　　192.168.100.0/24 is directly connected, vlan100

（R表示RIP学习到的网段）

switchB#show ip rip

Codes: R - RIP, K - Kernel, C - Connected, S - Static, O - OSPF, I - IS-IS,

B - BGP

Network	Next Hop	Metric From	If	Time
R 192.168.10.0/24	192.168.100.1	2 192.168.100.1	vlan101	02:42
R 192.168.20.0/24	192.168.100.1	2 192.168.100.1	vlan101	02:42
R 192.168.30.0/24		1	vlan30	
R 192.168.40.0/24		1	vlan40	
R 192.168.100.0/24		1	vlan101	

switchB#show ip route

Codes: K - kernel, C - connected, S - static, R - RIP, B - BGP

　　　　O - OSPF, IA - OSPF inter area

　　　　N1 - OSPF NSSA external type 1, N2 - OSPF NSSA external type 2

　　　　E1 - OSPF external type 1, E2 - OSPF external type 2

　　　　i - IS-IS, L1 - IS-IS level-1, L2 - IS-IS level-2, ia - IS-IS inter area

　　　　* - candidate default

C　　　127.0.0.0/8 is directly connected, Loopback

R　　　192.168.10.0/24 [120/2] via 192.168.100.1, vlan101, 00:00:31

R　　　192.168.20.0/24 [120/2] via 192.168.100.1, vlan101, 00:00:31

C　　　192.168.30.0/24 is directly connected, vlan30

C　　　192.168.40.0/24 is directly connected, vlan40

C　　　192.168.100.0/24 is directly connected, vlan101

（R表示RIP学习到的网段）

6）验证计算机之间是否连通并分析原因，见表23-3。

表　23-3

计算机	端　　口	计算机	端　　口	结　　果	原　　因
计算机1	A：0/0/1	计算机2	A：0/0/9	通	
计算机1	A：0/0/1	VLAN 100	A：0/0/24	通	
计算机1	A：0/0/1	VLAN 101	B：0/0/24	通	
计算机1	A：0/0/1	计算机3	B：0/0/1	通	

8.　注意事项和排错

➢　全局启动"router rip"之后，交换机自动在所有的虚拟接口上启动RIP。

➢　可以在单个虚拟接口上禁止RIP。

9. 完整配置文档

交换机A：

```
switchA#show run
!
no service password-encryption
!
hostname switchA
!
vlan1
!
vlan10
!
vlan20
!
vlan100
!
Interface Ethernet0/0/1
 switchport access vlan10
!
Interface Ethernet0/0/2
 switchport access vlan10
!
Interface Ethernet0/0/3
 switchport access vlan10
!
Interface Ethernet0/0/4
 switchport access vlan10
!
Interface Ethernet0/0/5
 switchport access vlan10
!
Interface Ethernet0/0/6
 switchport access vlan10
!
Interface Ethernet0/0/7
 switchport access vlan10
!
Interface Ethernet0/0/8
 switchport access vlan10
```

```
!
Interface Ethernet0/0/9
 switchport access vlan20
!
Interface Ethernet0/0/10
 switchport access vlan20
!
Interface Ethernet0/0/11
 switchport access vlan20
!
Interface Ethernet0/0/12
 switchport access vlan20
!
Interface Ethernet0/0/13
 switchport access vlan20
!
Interface Ethernet0/0/14
 switchport access vlan20
!
Interface Ethernet0/0/15
 switchport access vlan20
!
Interface Ethernet0/0/16
 switchport access vlan20
!
Interface Ethernet0/0/17
!
Interface Ethernet0/0/18
!
Interface Ethernet0/0/19
!
Interface Ethernet0/0/20
!
Interface Ethernet0/0/21
!
Interface Ethernet0/0/22
!
Interface Ethernet0/0/23
!
Interface Ethernet0/0/24
```

```
   switchport access vlan 100
!
Interface Ethernet0/0/25
!
Interface Ethernet0/0/26
!
Interface Ethernet0/0/27
!
Interface Ethernet0/0/28
!
interface vlan10
 ip address 192.168.10.1 255.255.255.0
!
interface vlan20
 ip address 192.168.20.1 255.255.255.0
!
interface vlan100
 ip address 192.168.100.1 255.255.255.0
!
router rip
 network vlan10
 network vlan20
 network vlan100
!
no login
!
End
```

交换机B：
略

10. 案例总结

通过本案例可以知道当两台交换机互联，要使所有的互联端口以及主机进行通信时，可以使用RIP。

11. 共同思考

➢　如果在交换机A的VLAN100上禁止RIP，计算机1还能ping通计算机3吗？
➢　如果在交换机B的VLAN30上禁止RIP，计算机1还能ping通计算机3吗？

12. 课后练习

如图23-2所示，使用RIP让所有计算机之间都可以通信。

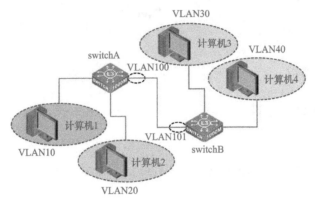

图 23-2

案例24　多层交换机OSPF动态路由

1. 知识点回顾

多层交换机的系统为每个VLAN创建一个虚拟的多层 VLAN 接口，这个接口像路由器接口一样工作，接收和转发IP报文。OSPF（Open Shortest Path First，开放式最短路径优先）相比 RIP 具有更大的扩展性、快速收敛性和安全可靠性。它采用路由增量更新的机制在保证全区域路由同步的同时，尽可能地减少对网络资源的浪费。但OSPF会耗费更多路由器内存和处理能力，在大型网络里，路由器本身承受的压力会很大。因此，OSPF适合企业中小型网络构建。

2. 案例目的

➢ 掌握多层交换机之间通过OSPF实现网段互通的配置方法。
➢ 理解RIP和OSPF内部实现的不同点。

3. 应用环境

当两台多层交换机互联时，为了保证每台交换机上所连接的网段可以和另一台交换机上连接的网段互相通信，需要使用OSPF动态学习路由。

4. 设备需求

➢ 交换机两台。
➢ 计算机2～4台。
➢ Console线1～2根。
➢ 直通网线2～4根。

5. 案例拓扑

案例拓扑图如图24-1所示。

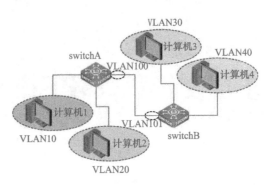

图 24-1

6. 案例需求

1）按照图24-1搭建拓扑。

2）配置OSPF之前，计算机1与计算机2、计算机3与计算机4可以互通，计算机1、计算机2与计算机3、计算机4不通。

3）配置OSPF之后，4台计算机之间都可以互通。

4）分析案例结果和理论是否相符，若相符，则本案例完成。

7. 实现步骤

1）交换机全部恢复出厂设置，配置交换机的VLAN信息（同案例21）。

交换机A：

```
switchA#conf
switchA(Config)#vlan10
switchA(Config-vlan10)#switchport interface ethernet 0/0/1-8
Set the port Ethernet0/0/1 access vlan10 successfully
Set the port Ethernet0/0/2 access vlan10 successfully
Set the port Ethernet0/0/3 access vlan10 successfully
Set the port Ethernet0/0/4 access vlan10 successfully
Set the port Ethernet0/0/5 access vlan10 successfully
Set the port Ethernet0/0/6 access vlan10 successfully
Set the port Ethernet0/0/7 access vlan10 successfully
Set the port Ethernet0/0/8 access vlan10 successfully
switchA(Config-vlan10)#exit
switchA(Config)#vlan20
switchA(Config-vlan20)#switchport interface ethernet 0/0/9-16
Set the port Ethernet0/0/9 access vlan20 successfully
Set the port Ethernet0/0/10 access vlan20 successfully
Set the port Ethernet0/0/11 access vlan20 successfully
```

Set the port Ethernet0/0/12 access vlan20 successfully

Set the port Ethernet0/0/13 access vlan20 successfully

Set the port Ethernet0/0/14 access vlan20 successfully

Set the port Ethernet0/0/15 access vlan20 successfully

Set the port Ethernet0/0/16 access vlan20 successfully

switchA(Config-vlan20)#exit

switchA(Config)#vlan100

switchA(Config-vlan100)#switchport interface ethernet 0/0/24

Set the port Ethernet0/0/24 access vlan 100 successfully

switchA(Config-vlan100)#exit

switchA(Config)#

验证配置：

switchA#show vlan

VLAN	Name	Type	Media	Ports	
1	default	Static	ENET	Ethernet0/0/17	Ethernet0/0/18
				Ethernet0/0/19	Ethernet0/0/20
				Ethernet0/0/21	Ethernet0/0/22
				Ethernet0/0/23	Ethernet0/0/25
				Ethernet0/0/26	Ethernet0/0/27
				Ethernet0/0/28	
10	vlan0010	Static	ENET	Ethernet0/0/1	Ethernet0/0/2
				Ethernet0/0/3	Ethernet0/0/4
				Ethernet0/0/5	Ethernet0/0/6
				Ethernet0/0/7	Ethernet0/0/8
20	vlan0020	Static	ENET	Ethernet0/0/9	Ethernet0/0/10
				Ethernet0/0/11	Ethernet0/0/12
				Ethernet0/0/13	Ethernet0/0/14
				Ethernet0/0/15	Ethernet0/0/16
100	vlan0100	Static	ENET	Ethernet0/0/24	

switchA#

交换机B：

switchB(Config)#vlan30

switchB(Config-vlan30)#switchport interface ethernet 0/0/1-8

Set the port Ethernet0/0/1 access vlan30 successfully

Set the port Ethernet0/0/2 access vlan30 successfully

Set the port Ethernet0/0/3 access vlan30 successfully

Set the port Ethernet0/0/4 access vlan30 successfully

Set the port Ethernet0/0/5 access vlan30 successfully

Set the port Ethernet0/0/6 access vlan30 successfully

Set the port Ethernet0/0/7 access vlan30 successfully

Set the port Ethernet0/0/8 access vlan30 successfully

switchB(Config-vlan30)#exit

switchB(Config)#vlan40

switchB(Config-vlan40)#switchport interface ethernet 0/0/9-16

Set the port Ethernet0/0/9 access vlan40 successfully

Set the port Ethernet0/0/10 access vlan40 successfully

Set the port Ethernet0/0/11 access vlan40 successfully

Set the port Ethernet0/0/12 access vlan40 successfully

Set the port Ethernet0/0/13 access vlan40 successfully

Set the port Ethernet0/0/14 access vlan40 successfully

Set the port Ethernet0/0/15 access vlan40 successfully

Set the port Ethernet0/0/16 access vlan40 successfully

switchB(Config-vlan40)#exit

switchB(Config)#vlan101

switchB(Config-vlan101)#switchport interface ethernet 0/0/24

Set the port Ethernet0/0/24 access vlan101 successfully

switchB(Config-vlan101)#exit

switchB(Config)#

验证配置：

switchB#show vlan

VLAN	Name	Type	Media	Ports	
1	default	Static	ENET	Ethernet0/0/17	Ethernet0/0/18
				Ethernet0/0/19	Ethernet0/0/20
				Ethernet0/0/21	Ethernet0/0/22
				Ethernet0/0/23	Ethernet0/0/25
				Ethernet0/0/26	Ethernet0/0/27
				Ethernet0/0/28	
10	VLAN0010	Static	ENET	Ethernet0/0/1	Ethernet0/0/2
				Ethernet0/0/3	Ethernet0/0/4
				Ethernet0/0/5	Ethernet0/0/6
				Ethernet0/0/7	Ethernet0/0/8
20	VLAN0020	Static	ENET	Ethernet0/0/9	Ethernet0/0/10
				Ethernet0/0/11	Ethernet0/0/12
				Ethernet0/0/13	Ethernet0/0/14
				Ethernet0/0/15	Ethernet0/0/16
100	VLAN0100	Static	ENET	Ethernet0/0/24	

switchB#

2）配置交换机各VLAN虚接口的IP地址（同案例21）。

交换机A：

switchA(Config)#int vlan10

switchA(Config-If-vlan10)#ip address 192.168.10.1 255.255.255.0

switchA(Config-If-vlan10)#no shut

switchA(Config-If-vlan10)#exit

switchA(Config)#int vlan20

switchA(Config-If-vlan20)#ip address 192.168.20.1 255.255.255.0

switchA(Config-If-vlan20)#no shut

switchA(Config-If-vlan20)#exit

switchA(Config)#int vlan100

switchA(Config-If-vlan100)#ip address 192.168.100.1 255.255.255.0

switchA(Config-If-vlan100)#no shut

switchA(Config-If-vlan100)#

switchA(Config-If-vlan100)#exit

switchA(Config)#

交换机B：

switchB(Config)#int vlan30

switchB(Config-If-vlan30)#ip address 192.168.30.1 255.255.255.0

switchB(Config-If-vlan30)#no shut

switchB(Config-If-vlan30)#exit

switchB(Config)#interface vlan40

switchB(Config-If-vlan40)#ip address 192.168.40.1 255.255.255.0

switchB(Config-If-vlan40)#exit

switchB(Config)#int vlan101

switchB(Config-If-vlan101)#ip address 192.168.100.2 255.255.255.0

switchB(Config-If-vlan101)#exit

switchB(Config)#

3）配置各计算机的IP地址，注意配置网关，见表24-1。

表　24-1

设　　备	IP　地　址	网　　关	子　网　掩　码
计算机1	192.168.10.101	192.168.10.1	255.255.255.0
计算机2	192.168.20.101	192.168.20.1	255.255.255.0
计算机3	192.168.30.101	192.168.30.1	255.255.255.0
计算机4	192.168.40.101	192.168.40.1	255.255.255.0

4）验证计算机之间是否连通，见表24-2。

表 24-2

计算机	端 口	计算机	端 口	结 果	原 因
计算机1	A：0/0/1	计算机2	A：0/0/9	通	
计算机1	A：0/0/1	VLAN 100	A：0/0/24	通	
计算机1	A：0/0/1	VLAN 101	B：0/0/24	不通	
计算机1	A：0/0/1	计算机3	B：0/0/1	不通	

查看路由表，进一步分析出现上一步现象的原因。

交换机A：

switchA#show ip route

Codes: K - kernel, C - connected, S - static, R - RIP, B - BGP

      O - OSPF, IA - OSPF inter area

      N1 - OSPF NSSA external type 1, N2 - OSPF NSSA external type 2

      E1 - OSPF external type 1, E2 - OSPF external type 2

      i - IS-IS, L1 - IS-IS level-1, L2 - IS-IS level-2, ia - IS-IS inter area

      * - candidate default

C   127.0.0.0/8 is directly connected, Loopback

C   192.168.10.0/24 is directly connected, vlan10

C   192.168.20.0/24 is directly connected, vlan20

C   192.168.100.0/24 is directly connected, vlan100

交换机B：

switchB#show ip route

Codes: K - kernel, C - connected, S - static, R - RIP, B - BGP

      O - OSPF, IA - OSPF inter area

      N1 - OSPF NSSA external type 1, N2 - OSPF NSSA external type 2

      E1 - OSPF external type 1, E2 - OSPF external type 2

      i - IS-IS, L1 - IS-IS level-1, L2 - IS-IS level-2, ia - IS-IS inter area

      * - candidate default

C   127.0.0.0/8 is directly connected, Loopback

C   192.168.30.0/24 is directly connected, vlan30

C   192.168.40.0/24 is directly connected, vlan40

C   192.168.102.0/24 is directly connected, vlan101

5）启动OSPF，将对应的直连网段配置到OSPF进程中。

交换机A：

switchA(config)#router ospf

switchA(config-router)#network 192.168.10.0/24 area 0

switchA(config-router)#network 192.168.20.0/24 area 0

switchA(config-router)#network 192.168.100.0/24 area 0

switchA(config-router)#exit

交换机B：

switchB(config)#router ospf

switchB(config-router)#network 192.168.30.0/24 area 0

switchB(config-router)#network 192.168.40.0/24 area 0

switchB(config-router)#network 192.168.101.0/24 area 0

switchB(config-router)#exit

验证配置：

交换机A：

switchA#show ip route

Codes: K - kernel, C - connected, S - static, R - RIP, B - BGP

      O - OSPF, IA - OSPF inter area

      N1 - OSPF NSSA external type 1, N2 - OSPF NSSA external type 2

      E1 - OSPF external type 1, E2 - OSPF external type 2

      i - IS-IS, L1 - IS-IS level-1, L2 - IS-IS level-2, ia - IS-IS inter area

      * - candidate default

C   127.0.0.0/8 is directly connected, Loopback

C   192.168.10.0/24 is directly connected, vlan10

C   192.168.20.0/24 is directly connected, vlan20

O   192.168.30.0/24 [110/20] via 192.168.100.2, vlan100, 00:00:23

O   192.168.40.0/24 [110/20] via 192.168.100.2, vlan100, 00:00:23

C   192.168.100.0/24 is directly connected, vlan100

（O代表OSPT学习到的路由网段）

交换机B：

switchB#show ip route

Codes: K - kernel, C - connected, S - static, R - RIP, B - BGP

      O - OSPF, IA - OSPF inter area

      N1 - OSPF NSSA external type 1, N2 - OSPF NSSA external type 2

      E1 - OSPF external type 1, E2 - OSPF external type 2

      i - IS-IS, L1 - IS-IS level-1, L2 - IS-IS level-2, ia - IS-IS inter area

      * - candidate default

C   127.0.0.0/8 is directly connected, Loopback

O   192.168.10.0/24 [110/20] via 192.168.100.1, vlan101, 00:00:23

O   192.168.20.0/24 [110/20] via 192.168.100.1, vlan101, 00:00:23

C   192.168.30.0/24 is directly connected, vlan30

C   192.168.40.0/24 is directly connected, vlan40

C   192.168.100.0/24 is directly connected, vlan101

（O代表OSPT学习到的路由网段）

6）验证计算机之间是否连通，见表24-3。

表 24-3

计算机	端 口	计算机	端 口	结 果	原 因
计算机1	A：0/0/1	计算机2	A：0/0/9	通	
计算机1	A：0/0/1	VLAN100	A：0/0/24	通	
计算机1	A：0/0/1	VLAN101	B：0/0/24	通	
计算机1	A：0/0/1	计算机3	B：0/0/1	通	

8. 注意事项和排错

➤ 在配置、使用OSPF时，可能会由于物理连接、配置错误等原因导致OSPF未能正常运行。因此，用户应注意以下要点：

① 保证物理连接正确无误。

② 保证接口和链路协议是UP（使用show interface命令）。

③ 在各接口上配置不同网段的IP地址。

④ 先启动OSPF（使用router ospf命令），再在相应的接口配置所属OSPF域。

⑤ OSPF骨干域（0域）必须保证是连续的，如果不连续，则使用虚连接来保证，所有非0域只能通过0域与其他非0域相连，不允许非0域直接相连。边界三层交换机是指该三层交换机的一部分接口属于0域，而另外一部分接口属于非0域。对于广播网等多路访问网，需要选举指定三层交换机DR。

9. 完整配置文档

交换机A：

switchA#show run

!

no service password-encryption

!

hostname DCRS-5656-A

!

Interface Ethernet0

!

vlan1

!

vlan10

!

vlan20

!

vlan100

!

Interface Ethernet0/0/1

```
   switchport access vlan10
 !
Interface Ethernet0/0/2
   switchport access vlan10
 !
 ...
Interface Ethernet0/0/23
 !
Interface Ethernet0/0/24
   switchport access vlan100
 !
Interface Ethernet0/0/25
 !
Interface Ethernet0/0/26
 !
Interface Ethernet0/0/27
 !
Interface Ethernet0/0/28
 !
interface vlan10
   ip address 192.168.10.1 255.255.255.0
 !
interface vlan100
   ip address 192.168.100.1 255.255.255.0
 !
interface vlan20
   ip address 192.168.20.1 255.255.255.0
 !
interface sit0
 !
router ospf
   network 192.168.10.0/24 area 0
   network 192.168.20.0/24 area 0
   network 192.168.100.0/24 area 0
 !
no login
 !
end
switchA#
```

交换机B：配置与交换机A类似，这里不再赘述。

10. 案例总结

当两台交换机互联时，要使所有的互联端口以及主机之间进行通信，可以使用OSPF来实现。

11. 共同思考

本案例只体现了area0的配置方法，可以参考理论教材和用户手册尝试OSPF运行在多区域的配置方法。

12. 课后练习

如图24-2所示，使用OSPF使所有计算机之间都可以通信。

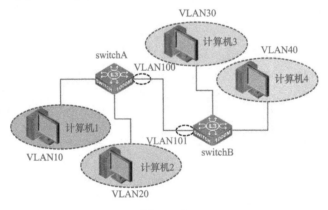

图　24-2

案例25 标准ACL案例

1. 知识点回顾

基本的访问控制列表的作用是用来在设备上识别数据流。方法是使用规则语句来匹配，使用IP地址和通配符掩码匹配出设备感兴趣的数据流。基本的访问控制列表只能根据数据的源地址进行匹配。

2. 案例目的

➤ 了解标准的ACL。
➤ 了解标准ACL不同的实现方法。

3. 应用环境

用户可以基于报文中的特定信息制定一组规则，每条规则都描述了对匹配一定信息的数据包所采取的动作：允许通过或拒绝通过。用户可以把这些规则应用到特定交换机端口的入口或出口方向，这样特定端口上特定方向的数据流就必须依照指定的ACL（Access Control List，访问控制列表）规则进出交换机。通过ACL，可以限制某个IP地址的计算机或者某些网段的计算机的上网活动。

4. 设备需求

➤ 交换机两台。
➤ 计算机两台。
➤ Console线1～2根。
➤ 直通网线若干。

5. 案例拓扑

案例拓扑图如图25-1所示。

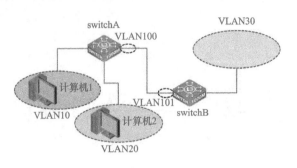

图 25-1

6. 案例需求

1）按照图25-1搭建网络。

2）在交换机A和交换机B上分别划分基于端口的VLAN（路由配置同案例21），见表25-1。

表 25-1

交 换 机	VLAN	端 口 成 员
交换机A	10	1～8
	20	9～16
	100	24
交换机B	30	1～8
	101	24

3）交换机A和B通过24口级联。

4）配置交换机A和交换机B各VLAN虚拟接口的IP地址，见表25-2。

表 25-2

VLAN10	VLAN20	VLAN30	VLAN100	VLAN101
192.168.10.1	192.168.20.1	192.168.30.1	192.168.100.1	192.168.100.2

5）计算机1和计算机2的网络设置，见表25-3。

表 25-3

设 备	IP 地 址	网 关	子 网 掩 码
计算机1	192.168.10.101	192.168.10.1	255.255.255.0
计算机2	192.168.20.101	192.168.20.1	255.255.255.0

6）验证。

计算机1和计算机2都通过交换机A连接到交换机B：

① 不配置ACL，两台计算机都可以ping通VLAN30。

② 配置ACL后，计算机1和计算机2ping不通VLAN30，更改了它们的IP地址后才可以。

7）分析案例结果和理论是否相符，若相符，则本案例完成。

7. 实现步骤

1）交换机全部恢复出厂设置，配置交换机的VLAN信息（同案例21）。

交换机A：

switchA#conf

switchA(Config)#vlan10

switchA(Config-vlan10)#switchport interface ethernet 0/0/1-8

Set the port Ethernet0/0/1 access vlan10 successfully

Set the port Ethernet0/0/2 access vlan10 successfully

Set the port Ethernet0/0/3 access vlan10 successfully

Set the port Ethernet0/0/4 access vlan10 successfully

Set the port Ethernet0/0/5 access vlan10 successfully

Set the port Ethernet0/0/6 access vlan10 successfully

Set the port Ethernet0/0/7 access vlan10 successfully

Set the port Ethernet0/0/8 access vlan10 successfully

switchA(Config-vlan10)#exit

switchA(Config)#vlan20

switchA(Config-vlan20)#switchport interface ethernet 0/0/9-16

Set the port Ethernet0/0/9 access vlan20 successfully

Set the port Ethernet0/0/10 access vlan20 successfully

Set the port Ethernet0/0/11 access vlan20 successfully

Set the port Ethernet0/0/12 access vlan20 successfully

Set the port Ethernet0/0/13 access vlan20 successfully

Set the port Ethernet0/0/14 access vlan20 successfully

Set the port Ethernet0/0/15 access vlan20 successfully

Set the port Ethernet0/0/16 access vlan20 successfully

switchA(Config-vlan20)#exit

switchA(Config)#vlan100

switchA(Config-vlan100)#switchport interface ethernet 0/0/24

Set the port Ethernet0/0/24 access vlan100 successfully

switchA(Config-vlan100)#exit

switchA(Config)#

验证配置：

switchA#show vlan

VLAN	Name	Type	Media	Ports	
1	default	Static	ENET	Ethernet0/0/17	Ethernet0/0/18
				Ethernet0/0/19	Ethernet0/0/20
				Ethernet0/0/21	Ethernet0/0/22

				Ethernet0/0/23	Ethernet0/0/25
				Ethernet0/0/26	Ethernet0/0/27
				Ethernet0/0/28	
10	VLAN0010	Static	ENET	Ethernet0/0/1	Ethernet0/0/2
				Ethernet0/0/3	Ethernet0/0/4
				Ethernet0/0/5	Ethernet0/0/6
				Ethernet0/0/7	Ethernet0/0/8
20	VLAN0020	Static	ENET	Ethernet0/0/9	Ethernet0/0/10
				Ethernet0/0/11	Ethernet0/0/12
				Ethernet0/0/13	Ethernet0/0/14
				Ethernet0/0/15	Ethernet0/0/16
100	VLAN0100	Static	ENET	Ethernet0/0/24	

switchA#

交换机B：

switchB(Config)#vlan30

switchB(Config-vlan30)#switchport interface ethernet 0/0/1-8

Set the port Ethernet0/0/1 access vlan30 successfully

Set the port Ethernet0/0/2 access vlan30 successfully

Set the port Ethernet0/0/3 access vlan30 successfully

Set the port Ethernet0/0/4 access vlan30 successfully

Set the port Ethernet0/0/5 access vlan30 successfully

Set the port Ethernet0/0/6 access vlan30 successfully

Set the port Ethernet0/0/7 access vlan30 successfully

Set the port Ethernet0/0/8 access vlan30 successfully

switchB(Config-vlan30)#exit

switchB(Config)#vlan40

switchB(Config-vlan40)#switchport interface ethernet 0/0/9-16

Set the port Ethernet0/0/9 access vlan40 successfully

Set the port Ethernet0/0/10 access vlan40 successfully

Set the port Ethernet0/0/11 access vlan40 successfully

Set the port Ethernet0/0/12 access vlan40 successfully

Set the port Ethernet0/0/13 access vlan40 successfully

Set the port Ethernet0/0/14 access vlan40 successfully

Set the port Ethernet0/0/15 access vlan40 successfully

Set the port Ethernet0/0/16 access vlan40 successfully

switchB(Config-vlan40)#exit

switchB(Config)#vlan101

switchB(Config-vlan101)#switchport interface ethernet 0/0/24

Set the port Ethernet0/0/24 access vlan101 successfully

switchB(Config-vlan101)#exit

switchB(Config)#

验证配置：

switchB#show vlan

VLAN	Name	Type	Media	Ports	
1	default	Static	ENET	Ethernet0/0/17	Ethernet0/0/18
				Ethernet0/0/19	Ethernet0/0/20
				Ethernet0/0/21	Ethernet0/0/22
				Ethernet0/0/23	Ethernet0/0/25
				Ethernet0/0/26	Ethernet0/0/27
				Ethernet0/0/28	
10	VLAN0010	Static	ENET	Ethernet0/0/1	Ethernet0/0/2
				Ethernet0/0/3	Ethernet0/0/4
				Ethernet0/0/5	Ethernet0/0/6
				Ethernet0/0/7	Ethernet0/0/8
20	VLAN0020	Static	ENET	Ethernet0/0/9	Ethernet0/0/10
				Ethernet0/0/11	Ethernet0/0/12
				Ethernet0/0/13	Ethernet0/0/14
				Ethernet0/0/15	Ethernet0/0/16
100	VLAN0100	Static	ENET	Ethernet0/0/24	

switchB#

2）配置交换机各VLAN虚拟接口的IP地址（同案例21）。

交换机A：

switchA(Config)#int vlan10

switchA(Config-If-vlan10)#ip address 192.168.10.1 255.255.255.0

switchA(Config-If-vlan10)#no shut

switchA(Config-If-vlan10)#exit

switchA(Config)#int vlan20

switchA(Config-If-vlan20)#ip address 192.168.20.1 255.255.255.0

switchA(Config-If-vlan20)#no shut

switchA(Config-If-vlan20)#exit

switchA(Config)#int vlan100

switchA(Config-If-vlan100)#ip address 192.168.100.1 255.255.255.0

switchA(Config-If-vlan100)#no shut

switchA(Config-If-vlan100)#

switchA(Config-If-vlan100)#exit

switchA(Config)#

交换机B：

switchB(Config)#int vlan30

switchB(Config-If-vlan30)#ip address 192.168.30.1 255.255.255.0

switchB(Config-If-vlan30)#no shut

switchB(Config-If-vlan30)#exit

switchB(Config)#int vlan101

switchB(Config-If-vlan101)#ip address 192.168.100.2 255.255.255.0

switchB(Config-If-vlan101)#exit

switchB(Config)#

3）配置静态路由（同案例21）。

交换机A：

SWITCHA(Config)#ip route 0.0.0.0 0.0.0.0 192.168.100.2

验证配置：

SWITCHA#show ip route

Codes: K - kernel, C - connected, S - static, R - RIP, B - BGP

       O - OSPF, IA - OSPF inter area

       N1 - OSPF NSSA external type 1, N2 - OSPF NSSA external type 2

       E1 - OSPF external type 1, E2 - OSPF external type 2

       i - IS-IS, L1 - IS-IS level-1, L2 - IS-IS level-2, ia - IS-IS inter area

       * - candidate default

Gateway of last resort is 192.168.100.2 to network 0.0.0.0

S*   0.0.0.0/0 [1/0] via 192.168.100.2, vlan100

C   127.0.0.0/8 is directly connected, Loopback

C   192.168.10.0/24 is directly connected, vlan10

C   192.168.20.0/24 is directly connected, vlan10

C   192.168.100.0/24 is directly connected, vlan100

交换机B：

SWITCHB(Config)#ip route 0.0.0.0 0.0.0.0 192.168.100.1

验证配置：

验证结果与交换机A类似，这里不再赘述。

4）在VLAN30端口上配置端口的环回测试功能，保证VLAN30可以ping通。

交换机B：

switchB(Config)# interface ethernet 0/0/1(任意一个VLAN30内的接口均可)

switchB(Config-If-Ethernet0/0/1)#loopback

switchB(Config-If-Ethernet0/0/1)#no shut

switchB(Config-If-Ethernet0/0/1)#exit

5）不配置ACL验证案例。

验证计算机1和计算机2之间是否可以ping通VLAN30的虚拟接口IP地址。

6）配置访问控制列表。

① 配置命名标准IP访问列表。

switchA(Config)#ip access-list standard test

switchA(Config-Std-Nacl-test)#deny 192.168.10.101 0.0.0.255

switchA(Config-Std-Nacl-test)#deny host-source192.168.20.101

switchA(Config-Std-Nacl-test)#exit

switchA(Config)#

验证配置：

switchA#show access-lists

ip access-list standard test(used 1 time(s))

　　deny 192.168.10.101 0.0.0.255

　　deny host-source 192.168.20.101

② 配置数字标准IP访问列表。

switchA(Config)#access-list 11 deny 192.168.10.101 0.0.0.255

switchA(Config)#access-list 11 deny 192.168.20.101 0.0.0.0

7）配置访问控制列表功能开启，默认动作为全部开启。

switchA(Config)#firewall enable

switchA(Config)#firewall default permit

switchA(Config)#

验证配置：

switchA#show firewall

Fire wall is enabled.

Firewall default rule is to permit any ip packet.

switchA#

8）绑定ACL到各端口。

switchA(Config)#interface ethernet 0/0/1

switchA(Config-Ethernet0/0/1)#ip access-group 11 in

switchA(Config-Ethernet0/0/1)#exit

switchA(Config)#interface ethernet 0/0/9

switchA(Config-Ethernet0/0/9)#ip access-group 11 in

switchA(Config-Ethernet0/0/9)#exit

验证配置：

switchA#show access-group

interface name:Ethernet0/0/9

　　IP Ingress access-list used is 11, traffic-statistics Disable.

interface name:Ethernet0/0/1

　　IP Ingress access-list used is 11, traffic-statistics Disable.

9）验证案例见表25-4。

表 25-4

计算机	端 口	ping	结 果	原 因
计算机1：192.168.10.101	0/0/1	192.168.30.1	不通	
计算机1：192.168.10.12	0/0/1	192.168.30.1	通	
计算机2：192.168.20.101	0/0/9	192.168.30.1	不通	
计算机2：192.168.20.12	0/0/9	192.168.30.1	通	

8. 注意事项和排错

➤ 对ACL中的表项的检查是自上而下的，只要匹配一条表项，对该ACL的检查就马上结束。

➤ 端口特定方向上没有绑定ACL或没有任何ACL表项匹配时，才会使用默认规则。

➤ firewall default命令只对所有端口入口的IP数据包有效，对其他类型的数据包无效。

➤ 一个端口可以绑定一条入口ACL。

9. 完整配置文档

```
------------------SWA------------------
switchA#show run
!
no service password-encryption
!
hostname switchA
!
vlan1
!
vlan10
!
vlan20
!
vlan100
!
firewall enable
!
access-list 11 deny host-source 192.168.10.101
access-list 11 deny host-source 192.168.20.101
!
Interface Ethernet0/0/1
 ip access-group 11 in
 switchport access vlan10
```

```
!
Interface  Ethernet0/0/2
 switchport  access  vlan10
!
Interface  Ethernet0/0/3
 switchport  access  vlan10
!
Interface  Ethernet0/0/4
 switchport  access  vlan10
!
Interface  Ethernet0/0/5
 switchport  access  vlan10
!
Interface  Ethernet0/0/6
 switchport  access  vlan10
!
Interface  Ethernet0/0/7
 ip  access-group  11  in
 switchport  access  vlan10
!
Interface  Ethernet0/0/8
 switchport  access  vlan10
!
Interface  Ethernet0/0/9
 switchport  access  vlan20
!
Interface  Ethernet0/0/10
 switchport  access  vlan20
!
Interface  Ethernet0/0/11
 switchport  access  vlan20
!
Interface  Ethernet0/0/12
 switchport  access  vlan20
!
Interface  Ethernet0/0/13
 switchport  access  vlan20
!
Interface  Ethernet0/0/14
 switchport  access  vlan20
!
Interface  Ethernet0/0/15
 switchport  access  vlan20
```

```
!
Interface Ethernet0/0/16
  switchport access vlan20
!
Interface Ethernet0/0/17
!
Interface Ethernet0/0/18
!
Interface Ethernet0/0/19
!
Interface Ethernet0/0/20
!
Interface Ethernet0/0/21
!
Interface Ethernet0/0/22
!
Interface Ethernet0/0/23
!
Interface Ethernet0/0/24
  switchport access vlan100
!
Interface Ethernet0/0/25
!
Interface Ethernet0/0/26
!
Interface Ethernet0/0/27
!
Interface Ethernet0/0/28
!
interface vlan10
  ip address 192.168.10.1 255.255.255.0
!
interface vlan20
  ip address 192.168.20.1 255.255.255.0
!
interface vlan100
  ip address 192.168.100.1 255.255.255.0
!
ip route 0.0.0.0/0 192.168.100.2
!
no login
!
end
```

10. 案例总结

ACL是交换机实现的一种数据包过滤机制，通过允许或拒绝特定的数据包进出网络，交换机可以对网络访问进行控制，有效保证网络安全运行。

11. 共同思考

如果access-list中包括过滤信息相同但动作矛盾的规则，将会如何？

12. 课后练习

如图25-2所示，其他需求和之前的案例一样，要求使用"命名标准IP访问列表"完成同样的功能。

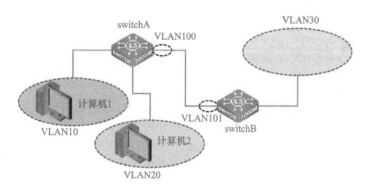

图 25-2

案例26　扩展ACL案例

1. 知识点回顾

标准ACL只能限制源IP地址，而扩展ACL的限制权限就很广泛，包括源IP、目的IP、服务类型等。

2. 案例目的

➢ 了解什么是扩展的ACL。
➢ 了解标准和扩展ACL的区别。
➢ 了解扩展ACL不同的实现方法。

3. 应用环境

网络中很多应用单纯靠基本访问控制列表的源地址进行限制时，会出现很多要求满足不了的情况，这时就要使用扩展的访问控制列表的源地址、目的地址、服务类型等众多限制因素来实现对于某个数据流的限制。

4. 设备需求

➢ 交换机两台。
➢ 计算机两台。
➢ Console线1～2根。
➢ 直通网线若干。

5. 案例拓扑

案例拓扑图如图26-1所示。

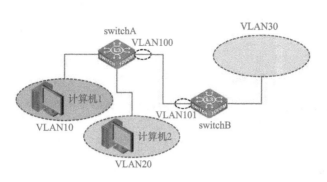

图　26-1

6. 案例需求

1）按照图26-1搭建网络。

2）目的：禁止计算机2 ping VLAN30。

3）在交换机A和交换机B上分别划分基于端口的VLAN，见表26-1。

表　26-1

交 换 机	VLAN	端 口 成 员
交换机A	10	1～8
	20	9～16
	100	24
交换机B	30	1～8
	101	24

4）交换机A和交换机B通过24口级联。

5）配置交换机A和交换机B各VLAN虚拟接口的IP地址，见表26-2。

表　26-2

VLAN10	VLAN20	VLAN30	VLAN100	VLAN101
192.168.10.1	192.168.20.1	192.168.30.1	192.168.100.1	192.168.100.2

6）计算机1和计算机2的网络设置见表26-3。

表　26-3

设 备	IP 地 址	网 关	子 网 掩 码
计算机1	192.168.10.101	192.168.10.1	255.255.255.0
计算机2	192.168.20.101	192.168.20.1	255.255.255.0

7）验证。

① 配置ACL之前，计算机1和计算机2都可以ping VLAN30。

② 配置ACL后，计算机1可以ping VLAN30，而计算机2不可以ping VLAN30。

8）分析案例结果和理论是否相符，若相符，则本案例完成。

7. 实现步骤

1）交换机全部恢复出厂设置，配置交换机的VLAN信息（同案例21）。

交换机A：

switchA#conf

switchA(Config)#vlan10

switchA(Config-vlan10)#switchport interface ethernet 0/0/1-8

Set the port Ethernet0/0/1 access vlan10 successfully

Set the port Ethernet0/0/2 access vlan10 successfully

Set the port Ethernet0/0/3 access vlan10 successfully

Set the port Ethernet0/0/4 access vlan10 successfully

Set the port Ethernet0/0/5 access vlan10 successfully

Set the port Ethernet0/0/6 access vlan10 successfully

Set the port Ethernet0/0/7 access vlan10 successfully

Set the port Ethernet0/0/8 access vlan10 successfully

switchA(Config-vlan10)#exit

switchA(Config)#vlan20

switchA(Config-vlan20)#switchport interface ethernet 0/0/9-16

Set the port Ethernet0/0/9 access vlan20 successfully

Set the port Ethernet0/0/10 access vlan20 successfully

Set the port Ethernet0/0/11 access vlan20 successfully

Set the port Ethernet0/0/12 access vlan20 successfully

Set the port Ethernet0/0/13 access vlan20 successfully

Set the port Ethernet0/0/14 access vlan20 successfully

Set the port Ethernet0/0/15 access vlan20 successfully

Set the port Ethernet0/0/16 access vlan20 successfully

switchA(Config-vlan20)#exit

switchA(Config)#vlan100

switchA(Config-vlan100)#switchport interface ethernet 0/0/24

Set the port Ethernet0/0/24 access vlan100 successfully

switchA(Config-vlan100)#exit

switchA(Config)#

验证配置：

switchA#show vlan

VLAN Name　　　　　　Type　　　Media　　　Ports

----- ------------ --------- ----------- --------------------------------

1	default	Static	ENET	Ethernet0/0/17	Ethernet0/0/18
				Ethernet0/0/19	Ethernet0/0/20
				Ethernet0/0/21	Ethernet0/0/22
				Ethernet0/0/23	Ethernet0/0/25
				Ethernet0/0/26	Ethernet0/0/27
				Ethernet0/0/28	
10	vlan0010	Static	ENET	Ethernet0/0/1	Ethernet0/0/2
				Ethernet0/0/3	Ethernet0/0/4
				Ethernet0/0/5	Ethernet0/0/6
				Ethernet0/0/7	Ethernet0/0/8
20	vlan0020	Static	ENET	Ethernet0/0/9	Ethernet0/0/10
				Ethernet0/0/11	Ethernet0/0/12
				Ethernet0/0/13	Ethernet0/0/14
				Ethernet0/0/15	Ethernet0/0/16
100	vlan0100	Static	ENET	Ethernet0/0/24	

switchA#

交换机B：

switchB(Config)#vlan30
switchB(Config-vlan30)#switchport interface ethernet 0/0/1-8
Set the port Ethernet0/0/1 access vlan30 successfully
Set the port Ethernet0/0/2 access vlan30 successfully
Set the port Ethernet0/0/3 access vlan30 successfully
Set the port Ethernet0/0/4 access vlan30 successfully
Set the port Ethernet0/0/5 access vlan30 successfully
Set the port Ethernet0/0/6 access vlan30 successfully
Set the port Ethernet0/0/7 access vlan30 successfully
Set the port Ethernet0/0/8 access vlan30 successfully
switchB(Config-vlan30)#exit
switchB(Config)#vlan40
switchB(Config-vlan40)#switchport interface ethernet 0/0/9-16
Set the port Ethernet0/0/9 access vlan40 successfully
Set the port Ethernet0/0/10 access vlan40 successfully
Set the port Ethernet0/0/11 access vlan40 successfully
Set the port Ethernet0/0/12 access vlan40 successfully
Set the port Ethernet0/0/13 access vlan40 successfully
Set the port Ethernet0/0/14 access vlan40 successfully
Set the port Ethernet0/0/15 access vlan40 successfully

Set the port Ethernet0/0/16 access vlan40 successfully

switchB(Config-vlan40)#exit

switchB(Config)#vlan101

switchB(Config-vlan101)#switchport interface ethernet 0/0/24

Set the port Ethernet0/0/24 access vlan101 successfully

switchB(Config-vlan101)#exit

switchB(Config)#

验证配置：

switchB#show vlan

VLAN	Name	Type	Media	Ports	
1	default	Static	ENET	Ethernet0/0/17	Ethernet0/0/18
				Ethernet0/0/19	Ethernet0/0/20
				Ethernet0/0/21	Ethernet0/0/22
				Ethernet0/0/23	Ethernet0/0/25
				Ethernet0/0/26	Ethernet0/0/27
				Ethernet0/0/28	
10	VLAN0010	Static	ENET	Ethernet0/0/1	Ethernet0/0/2
				Ethernet0/0/3	Ethernet0/0/4
				Ethernet0/0/5	Ethernet0/0/6
				Ethernet0/0/7	Ethernet0/0/8
20	VLAN0020	Static	ENET	Ethernet0/0/9	Ethernet0/0/10
				Ethernet0/0/11	Ethernet0/0/12
				Ethernet0/0/13	Ethernet0/0/14
				Ethernet0/0/15	Ethernet0/0/16
100	VLAN0100	Static	ENET	Ethernet0/0/24	

switchB#

2）配置交换机各VLAN虚接口的IP地址（同案例21）。

交换机A：

switchA(Config)#int vlan10

switchA(Config-If-vlan10)#ip address 192.168.10.1 255.255.255.0

switchA(Config-If-vlan10)#no shut

switchA(Config-If-vlan10)#exit

switchA(Config)#int vlan20

switchA(Config-If-vlan20)#ip address 192.168.20.1 255.255.255.0

switchA(Config-If-vlan20)#no shut

switchA(Config-If-vlan20)#exit

switchA(Config)#int vlan100

switchA(Config-If-vlan100)#ip address 192.168.100.1 255.255.255.0

switchA(Config-If-vlan100)#no shut

switchA(Config-If-vlan100)#

switchA(Config-If-vlan100)#exit

switchA(Config)#

交换机B：

switchB(Config)#int vlan30

switchB(Config-If-vlan30)#ip address 192.168.30.1 255.255.255.0

switchB(Config-If-vlan30)#no shut

switchB(Config-If-vlan30)#exit

switchB(Config)#int vlan101

switchB(Config-If-vlan101)#ip address 192.168.100.2 255.255.255.0

switchB(Config-If-vlan101)#exit

switchB(Config)#

3）配置静态路由（同案例21）。

交换机A：

switchA(Config)#ip route 0.0.0.0 0.0.0.0 192.168.100.2

验证配置：

switchA#show ip route

Codes: K - kernel, C - connected, S - static, R - RIP, B - BGP

       O - OSPF, IA - OSPF inter area

       N1 - OSPF NSSA external type 1, N2 - OSPF NSSA external type 2

       E1 - OSPF external type 1, E2 - OSPF external type 2

       i - IS-IS, L1 - IS-IS level-1, L2 - IS-IS level-2, ia - IS-IS inter area

       * - candidate default

Gateway of last resort is 192.168.100.2 to network 0.0.0.0

S*   0.0.0.0/0 [1/0] via 192.168.100.2, vlan100

C   127.0.0.0/8 is directly connected, Loopback

C   192.168.10.0/24 is directly connected, vlan10

C   192.168.20.0/24 is directly connected, vlan10

C   192.168.100.0/24 is directly connected, vlan100

交换机B：

switchB(Config)#ip route 0.0.0.0 0.0.0.0 192.168.100.1

验证配置：

验证结果与交换机A类似，这里不再赘述。

4）在VLAN30端口上配置端口的环回测试功能，保证VLAN30可以ping通。

交换机B：

switchB(Config)# interface ethernet 0/0/1(任意一个VLAN30内的接口均可)

switchB(Config-If-Ethernet0/0/1)#loopback

switchB(Config-If-Ethernet0/0/1)#no shut

switchB(Config-If-Ethernet0/0/1)#exit

5）不配置ACL验证案例。

验证计算机1和计算机2是否可以ping 192.168.30.1

6）配置ACL。

switchA(Config)#ip access-list extended test2

switchA(Config-Ext-Nacl-test2)#deny icmp 192.168.20.0 0.0.0.255 192.168.30.0

0.0.0.255   ! 拒绝192.168.20.0/24 ping数据

switchA(Config-Ext-Nacl-test2)#exit

switchA(Config)#firewall enable   !配置访问控制列表功能开启

switchA(Config)#firewall default permit   !默认动作为全部允许通过

switchA(Config)#interface ethernet 0/0/9   !绑定ACL到端口

switchA(Config-Ethernet0/0/9)#ip access-group test2 in

7）验证案例并分析结果产生的原因，见表26-4。

表 26-4

计算机	端口	ping	结果	原因
计算机1：192.168.10.11/24	0/0/1	192.168.30.1	通	
计算机2：192.168.20.11/24	0/0/9	192.168.30.1	不通	

8. 注意事项和排错

➢ 端口可以成功绑定的ACL数目取决于已绑定的ACL的内容以及硬件资源限制。

➢ 可以配置ACL拒绝某些ICMP报文通过，以防止"冲击波"等病毒攻击。

9. 案例总结

通过访问控制列表技术可以实现三层交换机上的MAC地址与IP地址的绑定，在一定程度上提高了网络的安全性。

10. 共同思考

➢ 绑定access-group到端口时，in和out参数各有什么含义？

➢ 能否通过ACL实现A可以访问B，但是B不可以访问A？

11. 课后练习

如图26-2所示，需求和之前案例一样，要求配置"数字标准IP访问列表"完成同样的功能。

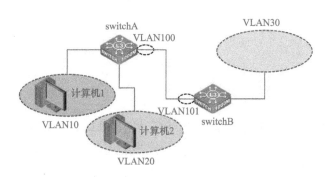

图 26-2

案例27　三层交换机MAC与IP的绑定

1. 知识点回顾

三层交换机MAC地址与IP地址绑定和二层交换机中MAC地址与IP地址绑定是一样的，可以防止非正常用户通过网络进行上网。

2. 案例目的

➤ 了解什么情况下需要MAC与IP绑定。
➤ 了解如何在接入交换机上配置MAC与IP的绑定。

3. 应用环境

本案例将结合前面学到的ACL，就三层交换机的MAC-IP绑定展开介绍。

4. 设备需求

➤ 交换机1台。
➤ 计算机两台。
➤ Console线1～2根。
➤ 网线若干。

5. 案例拓扑

案例拓扑图如图27-1所示。

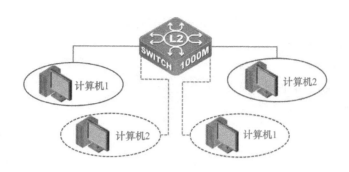

图 27-1

6. 案例需求

1）按照图27-1搭建网络。

2）将交换机的IP地址设置为192.168.1.11/24，将计算机1的IP地址设置为192.168.1.101/24，将计算机2的IP地址设置为192.168.1.102/24。

3）在交换机0/0/1端口上做计算机1的IP、MAC与端口绑定。

4）计算机1在0/0/1上ping交换机的IP，检验理论是否和案例一致。

5）计算机2在0/0/1上ping交换机的IP，检验理论是否和案例一致。

6）计算机1和计算机2在其他端口上ping交换机的IP，检验理论是否和案例一致。

7. 实现步骤

1）得到计算机1主机的MAC地址（00-1F-E2-66-70-18），如图27-2所示。

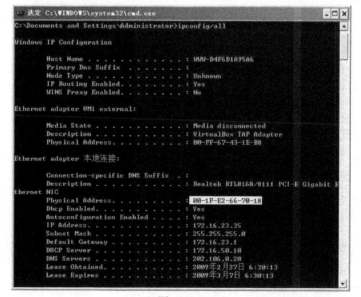

图 27-2

2）交换机全部恢复出厂设置，配置交换机的IP地址。

switch(Config)#interface vlan1

switch(Config-If-vlan1)#ip address 192.168.1.11 255.255.255.0

switch(Config-If-vlan1)#no shut

switch(Config-If-vlan1)#exit

switch(Config)#

3）配置全局MAC-IP命名访问表。

switch(Config)#mac-ip-access-list extended try10

switch(Config-MacIp-Ext-Nacl-try10)#permit host-source-mac 00-17-31-69-f1-0e any-destination-mac ip host-source 192.168.1.101 any-destination

switch(Config-MacIp-Ext-Nacl-try10)#deny any-source-mac any-destination-mac ip any-source any-destination

switch(Config-MacIp-Ext-Nacl-try10)#exit

验证配置：

switch#sh access-lists

mac-ip-access-list extended try10(used 1 time(s))

permit host-source-mac 00-17-31-69-f1-0e any-destination-mac ip host-source 192.168.1.101 any-destination

deny any-source-mac any-destination-mac ip any-source any-destination

4）配置访问控制列表功能开启，默认动作为全部开启。

switchA(Config)#firewall enable

switchA(Config)#firewall default permit

switchA(Config)#

验证配置：

switchA#show firewall

Fire wall is enabled.

Firewall default rule is to permit any ip packet.

switchA#

5）绑定ACL到试验端口。

switchA(Config)#interface ethernet 1/1

switchA(Config-Ethernet1/1)#mac-ip access-group try10 in

switchA(Config-Ethernet1/1)#

验证配置：

switchA#show access-group

interface name:Ethernet0/0/1

MAC-IP Ingress access-list used is try10,traffic-statistics Disable.

6）使用ping命令验证，见表27-1。

表　27-1

计算机	端　　口	ping	结　　果	原　　因
计算机1	0/0/1	192.168.1.11	通	
计算机1	0/0/7	192.168.1.11	通	
计算机2	0/0/1	192.168.1.11	不通	
计算机2	0/0/7	192.168.1.11	通	

8. 注意事项和排错

> AM的默认动作是：拒绝通过（deny），当AM使能时，AM模块会拒绝所有的IP报文通过（只允许IP地址池内的成员源地址通过）；AM禁止时，AM会删除所有的地址池。

> 对AM，由于其硬件资源有限，每个block（8个端口）最多只能配置256条表项。

> AM资源要求用户配置的IP地址和MAC地址不能冲突，也就是说，同一个交换机上的不同用户不允许出现相同的IP或MAC配置。

9. 案例总结

通过访问控制列表技术可以实现三层交换机上的MAC地址与IP地址的绑定，在一定程度上，提高了网络的安全性。

10. 共同思考

三层交换机IP地址和MAC地址绑定是如何提高网络安全性的？

11. 课后练习

在三层交换机上进行IP地址与MAC地址的绑定，验证其安全性。

案例28　使用ACL过滤特定病毒报文

1. 知识点回顾

在网络通信中，端口是指TCP/IP中的端口，是逻辑意义上的端口。如果一个IP地址是一个房间，那么端口就是进入这个房间的门，一个IP地址的端口可以有65 536个。端口是通过端口号来标记的，端口号只有整数，端口号的范围是0～65 535。一台计算机可以在不同的端口提供不同的网络服务，这些网络服务就是靠IP地址+端口号来区分的。

2. 案例目的

➢ 了解常见病毒（如冲击波、振荡波）的端口。
➢ 了解如何使用ACL进行过滤。

3. 应用环境

冲击波、振荡波曾经给网络带来了很沉重的打击，到目前为止，整个互联网中还有这种病毒以及病毒的变种。在配置网络设备时，采用ACL进行过滤，把这些病毒拒之门外，以保证网络稳定运行。

常用的端口号如下。

1）冲击波及冲击波变种：关闭TCP端口135、139、445和593，关闭UDP端口69（TFTP）、135、137和138，关闭用于远程命令外壳程序的TCP端口4444。

2）振荡波：TCP 5554/445/9996。

3）SQL蠕虫病毒：TCP 1433、UDP 1434。

4. 设备需求

➢ 交换机1台。
➢ 计算机1台。
➢ Console线1根。
➢ 网线若干。

5. 案例拓扑

案例拓扑图如图28-1所示。

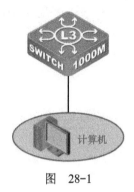

图 28-1

6. 案例需求

1）按照图28-1搭建网络。
2）分析"firewall enable"命令的使用方法。

7. 实现步骤

交换机恢复出厂设置，配置ACL。
switch(Config)#access-list 110 deny tcp any any d-port 445
switch(Config)#access-list 110 deny tcp any any d-port 4444
switch(Config)#access-list 110 deny tcp any any d-port 5554
switch(Config)#access-list 110 deny tcp any any d-port 9996
switch(Config)#access-list 110 deny tcp any any d-port 1433
switch(Config)#access-list 110 deny tcp any any d-port 1434

switch(Config)#firewall enable   ! 配置访问控制列表功能开启
switch(Config)#firewall default permit   ! 默认动作为全部允许通过

switch(Config)#interface ethernet 0/0/10 ! 绑定ACL到各端口
switch(Config-Ethernet0/0/10)#ip access-group 110 in

8. 注意事项和排错

➤ 有些端口对于网络应用来说也是非常有用的，如UDP 69端口是TFTP的端口号，如果为了防范病毒而关闭了该端口，则TFTP应用也不能够使用，因此在关闭端口时，应注意该端口的其他用途。

9. 案例总结

在网络通信过程中，IP的五元素为源IP、目的IP、源端口、目的端口和协议号。为了防止特定病毒的攻击，可以利用访问控制列表来匹配这些特殊报文的端口号，然后对其进行拒绝攻击。

10. 共同思考

要想实现对于特定源端口到特定目的端口的报文攻击，该如何做？

11. 课后练习

练习使用ACL实现对特定端口的访问控制。

案例29 交换机DHCP服务器的配置

1. 知识点回顾

DHCP（Dynamic Host Configuration Protocol，动态主机配置协议）是一个局域网的网络协议。DHCP主要有两个用途：给内部网络或网络服务供应商自动分配IP地址；给用户或者内部网络管理员作为对所有计算机进行中央管理的手段。

2. 案例目的

➢ 了解DHCP的原理。
➢ 熟练掌握交换机作为DHCP服务器的配置方法。
➢ 了解该功能的应用。

3. 应用环境

大型网络一般都采用DHCP作为地址分配的方法，需要为网络购置多台DHCP服务器放置在网络的不同位置。为减轻网络管理员和用户的配置负担，可以将支持DHCP的交换机配置成DHCP服务器。

4. 设备需求

➢ 交换机1台。
➢ 计算机1~3台。
➢ Console线1根。
➢ 网线若干。

5. 案例拓扑

案例拓扑图如图29-1所示。

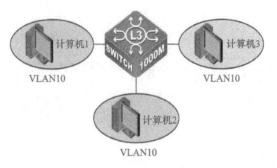

图 29-1

6. 案例需求

1）按照图29-1搭建网络。

2）为处于不同VLAN的计算机设置DHCP服务器。

3）在交换机上划分两个基于端口的VLAN：VLAN10和VLAN20，见表29-1。

表 29-1

VLAN	IP	端 口 成 员
10	192.168.10.1/24	1~8
20	192.168.20.1/24	9~16

4）配置两个地址池，见表29-2。

表 29-2

Pool A（network 192.168.10.0/24）		Pool B（network 192.168.20.0/24）	
设 备	IP 地 址	设 备	IP 地 址
默认网关	192.168.10.1	默认网关	192.168.20.1
DNS服务器	192.168.1.1	DNS服务器	192.168.1.1
Lease	8h	Lease	1h

5）其中在VLAN10处，因为工作的需要，特意将一台MAC地址为00-A0-D1-D1-07-FF的机器分配固定的IP地址192.168.10.88。

7. 实现步骤

1）交换机全部恢复出厂设置，创建VLAN100和VLAN200。

```
switch(Config)#
switch(Config)#vlan10
switch(Config-vlan10)#switchport interface ethernet 0/0/1-8
！给VLAN10加入端口1~8
Set the port Ethernet0/0/1 access vlan100 successfully
Set the port Ethernet0/0/2 access vlan100 successfully
Set the port Ethernet0/0/3 access vlan100 successfully
Set the port Ethernet0/0/4 access vlan100 successfully
```

Set the port Ethernet0/0/5 access vlan100 successfully

Set the port Ethernet0/0/6 access vlan100 successfully

Set the port Ethernet0/0/7 access vlan100 successfully

Set the port Ethernet0/0/8 access vlan100 successfully

switch(Config-vlan10)#exit

switch(Config)#vlan 20

switch(Config-vlan20)#switchport interface ethernet 0/0/9-16

！给vlan20加入端口9-16

Set the port Ethernet0/0/9 access vlan200 successfully

Set the port Ethernet0/0/10 access vlan200 successfully

Set the port Ethernet0/0/11 access vlan200 successfully

Set the port Ethernet0/0/12 access vlan200 successfully

Set the port Ethernet0/0/13 access vlan200 successfully

Set the port Ethernet0/0/14 access vlan200 successfully

Set the port Ethernet0/0/15 access vlan200 successfully

Set the port Ethernet0/0/16 access vlan200 successfully

switch(Config-vlan20)#exit

switch(Config)#

2）给交换机设置IP地址。

switch(Config)#interface vlan1

switch(Config-If-vlan1)#ip address 192.168.1.1 255.255.255.0

switch(Config-If-vlan1)#no shutdown

switch(Config)#interface vlan10

switch(Config-If-vlan10)#ip address 192.168.10.1 255.255.255.0

switch(Config-If-vlan100)#no shutdown

switch(Config)#interface vlan 20

switch(Config-If-vlan20)#ip address 192.168.20.1 255.255.255.0

switch(Config-If-vlan20)#no shutdown

3）配置DHCP。

switch(Config)#service dhcp　　　　　　！启用DHCP

switch(Config)#ip dhcp pool testA　　　　！定义地址池

switch(dhcp-testA-config)#network-address 192.168.10.0 24

switch(dhcp-testA-config)#lease 0 8

switch(dhcp-testA-config)#default-router 192.168.10.1

switch(dhcp-testA-config)#dns-server 192.168.1.1

switch(dhcp-testA-config)#exit

switch(Config)#ip dhcp pool testB

switch(dhcp-testB-config)#network-address 192.168.20.0 24

switch(dhcp-testB-config)#lease 0 1

switch(dhcp-testB-config)#default-router 192.168.20.1

switch(dhcp-testB-config)#dns-server 192.168.1.1

switch(dhcp-testB-config)#exit

switch(Config)#

4）验证案例。

使用"ipconfig/renew"命令在计算机的DOS命令行中检查是否得到了正确的IP，见表29-3。

表 29-3

设 备	位 置	动 作	结 果
计算机1	1～8端口	ipconfig/renew	192.168.10.2/24
计算机2	1～8端口	ipconfig/renew	192.168.10.3/24
计算机3	9～16端口	ipconfig/renew	192.168.20.2/24

5）为特殊的计算机配置地址池。

switch(Config)#ip dhcp excluded-address 192.168.10.77 192.168.10.99   ！设定排除地址池中的不用于动态分配的地址

switch(Config)#ip dhcp pool testC

switch(dhcp-testC-config)#host 192.168.100.88   ！手工绑定地址时，分配给指定客户机的用户的IP地址

switch(dhcp-testC-config)#hardware-address 00-a0-d1-d1-07-ff   ！手工分配地址时，指定用户的硬件地址

switch(dhcp-testC-config)#default-router 192.168.10.1

switch(dhcp-testC-config)#exit

6）验证案例。

使用"ipconfig/renew"命令在计算机的DOS命令行中检查是否得到了正确的IP，见表29-4。

表 29-4

设 备	位 置	动 作	结 果
计算机1	1～8端口	ipconfig/renew	192.168.100.88/24
计算机2	1～8端口	ipconfig/renew	192.168.100.3/24
计算机3	9～16端口	ipconfig/renew	192.168.200.2/24

8. 注意事项和排错

➢ 先启动DHCP服务器。

➢ DHCP客户机连接在交换机上，却无法获得IP地址。遇到这种情况，应检测DHCP Server内是否有与交换机VLAN接口在一个网段的地址池，如果没有，则添加该网段的地址池。

➢ 在DHCP服务中，动态分配IP地址与手工分配IP地址的地址池是互斥的。如果在一个地址池执行命令network和命令host，则只能有一个生效；并且在手工地址池中，一个地址池内只能配置一对IP-MAC的绑定，如果需要建立多对绑定，则可以建立多个手工地址池，在每个地址池分别配置IP-MAC的绑定，否则在同一地址池内配置新的配置会覆盖旧的配置。

9. 案例总结

在项目工程中，可以使用三层交换机作为DHCP服务器，给终端的主机下发IP地址及其他相关参数。如果终端设备处于不同的VLAN，则可以在服务器上配置多个地址池，给相关的计算机下发不同网段的IP地址。

10. 共同思考

DHCP服务器上有多个地址池，主机是如何正确获得某个所需地址池里的地址的？

11. 课后练习

1）请给交换机划分3个VLAN，验证DHCP案例，地址池分别为10.1.10.0/24、10.1.20.0/24、10.1.30.0/24，见表29-5。

表 29-5

VLAN	端口成员
10	1~6
20	7~12
30	13~16

2）配置WWW服务器为10.1.10.88/24，配置Server1为10.1.30.33/24。

案例30 交换机DHCP中继功能的配置

1. 知识点回顾

如果DHCP客户机与DHCP服务器在同一个物理网段，则客户机可以正确地获得动态分配的IP地址；如果不在同一个物理网段，则需要DHCP Relay Agent（中继代理）。用DHCP Relay代理可以免去在每个物理网段都要有DHCP服务器的必要，它可以将消息传递到不在同一个物理子网的DHCP服务器，也可以将服务器的消息传回给不在同一个物理子网的DHCP客户机。

2. 案例目的

➢ 了解DHCP的原理。
➢ 熟练掌握交换机DHCP中继的配置方法。
➢ 了解该功能的应用。

3. 应用环境

当DHCP客户机和DHCP服务器不在同一个网段时，由DHCP中继传递DHCP报文。增加DHCP中继功能的好处是不必为每个网段都设置DHCP服务器，同一个DHCP服务器可以为很多个子网的客户机提供网络配置参数，既节约了成本，又方便了管理。

4. 设备需求

➢ 交换机两台。
➢ 计算机3台。
➢ Console线1根。
➢ 网线若干。

5. 案例拓扑

案例拓扑图如图30-1所示。

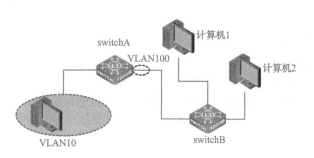

图　30-1

6．案例需求

1）按照图30-1搭建网络。

2）在交换机A上划分两个基于端口的VLAN：VLAN10和VLAN100，见表30-1。

表　30-1

VLAN	IP	端 口 成 员
10	192.168.1.1/24	1
100	10.1.157.100/24	24

3）交换机A的端口24连接一台DHCP服务器，服务器的地址为10.1.157.1/24。

4）交换机A的端口2连接交换机B的24口。

5）交换机B恢复出厂设置，不进行任何配置，当成HUB来用。

6）DHCP服务器的地址池中的地址范围为192.168.1.10/24～192.168.1.100/24。

7．实现步骤

1）交换机全部恢复出厂设置，创建VLAN10和VLAN100。
```
switch(Config)#
switch(Config)#vlan10
switch(Config-vlan10)#switchport interface Ethernet0/0/1
switch(Config-vlan10)#exit
switch(Config)#vlan100
switch(Config-vlan100)#switchport interface Ethernet0/0/24
switch(Config-vlan100)#exit
```
2）给交换机设置IP地址。
```
switch(Config)#interface vlan10
switch(Config-If-vlan10)#ip address 192.168.1.1 255.255.255.0
switch(Config-If-vlan10)#no shutdown

switch(Config)#interface vlan100
switch(Config-If-vlan100)#ip address 10.1.157.100 255.255.255.0
switch(Config-If-vlan100)#no shutdown
```

3）配置DHCP中继。

switch(Config)#service dhcp

switch(Config)#ip forward-protocol udp bootps

switch(Config)#interface vlan10

switch(Config-If-vlan10)#ip helper-address 10.1.157.1

switch(Config-If-vlan10)#exit

switch(Config)#

4）验证案例。

使用"ipconfig/renew"命令在计算机的DOS命令行中检查是否得到了正确的IP。

8. 注意事项和排错

> 若中间负责转发DHCP报文的交换机、路由器不具备DHCP中继功能，则需替换掉中间的设备或更新版本，使其具备DHCP中继功能，这样才能使用这个功能。

9. 完整配置文档

```
switch#show run
!
no service password-encryption
!
hostname switch
!
ip forward-protocol udp 67
!
service dhcp
!
vlan1
!
vlan10
!
vlan100
!
Interface Ethernet0/0/1
switchport access vlan10
!
Interface Ethernet0/0/2
!
Interface Ethernet0/0/3
!
```

```
Interface Ethernet0/0/4
!
Interface Ethernet0/0/5
!
Interface Ethernet0/0/6
!
Interface Ethernet0/0/7
!
Interface Ethernet0/0/8
!
Interface Ethernet0/0/9
!
Interface Ethernet0/0/10
!
Interface Ethernet0/0/11
!
Interface Ethernet0/0/12
!
Interface Ethernet0/0/13
!
Interface Ethernet0/0/14
!
Interface Ethernet0/0/15
!
Interface Ethernet0/0/16
!
Interface Ethernet0/0/17
!
Interface Ethernet0/0/18
!
Interface Ethernet0/0/19
!
Interface Ethernet0/0/20
!
Interface Ethernet0/0/21
!
Interface Ethernet0/0/22
!
Interface Ethernet0/0/23
!
```

```
Interface Ethernet0/0/24
switchport access vlan 100
!
Interface Ethernet0/0/25
!
Interface Ethernet0/0/26
!
Interface Ethernet0/0/27
!
Interface Ethernet0/0/28
!
interface vlan10
ip address 192.168.1.1 255.255.255.0
!forward protocol udp 67(active)!
ip helper-address 10.1.157.1
!
interface vlan100
ip address 10.1.157.100 255.255.255.0
!
no login
!
End
switch#
```

10. 案例总结

　　DHCP中继实现的是终端计算机和DHCP服务器不在一个网段时需要自动获得IP地址所需要的中间设备。在现网中，可以根据网络的规划选择合适的设备作为DHCP服务器。

11. 共同思考

在有DHCP中继的情况下，计算机获得IP地址的过程是怎样的？

12. 课后练习

配置图30-1的案例，分析DHCP中继的工作过程。

案例31 交换机HSRP案例

1. 知识点回顾

热备份路由器协议（Hot Standby Routing Protocol, HSRP）的设计目标是支持特定情况下IP流量失败转移不会引起混乱，并允许主机使用单路由器，即使在第一跳路由器使用失败的情形下仍能维护路由器间的连通性。换句话说，当源主机不能动态知道第一跳路由器的IP地址时，HSRP仍能够保护第一跳路由器不出故障。

2. 案例目的

➤ 熟悉HSRP的使用方式和配置方法。
➤ 理解HSRP的适用场合。

3. 应用环境

大部分网络中的计算机都是指定默认网关的，计算机通过默认网关达到上网的目的。如果作为默认网关的交换机损坏，则所有使用该网关为下一跳主机的通信必然要中断。即使配置了多个默认网关，如不重新启动终端设备，也不能切换到新的网关。HSRP就是为了避免静态指定网关的缺陷而设计的。

在网络中有至少两台设备作为计算机的网关存在，并且这两台设备可以虚拟出一个相同的IP作为计算机的网关。也就是说，一个IP地址可以对应两台交换机设备，任何一台交换机失效都不会影响其网络中计算机的通信。

HSRP的原理类似于服务器HA群集，两台或更多的三层设备以同样的方式配置成Cluster，创建出单个的虚拟路由器，然后客户端将网关指向该虚拟路由器，最后由HSRP决定哪个设备扮演真正的默认网关。

4. 设备需求

➤ 交换机两台。
➤ HUB或交换机1台。
➤ 计算机2～4台。

➢ Console线1~2根。
➢ 直通网线若干根。

5. 案例拓扑

案例拓扑图如图31-1所示。

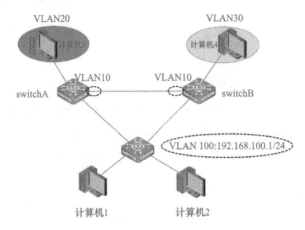

图 31-1

6. 案例需求

1）按照图31-1搭建网络。

2）在交换机A和交换机B上分别划分基于端口的VLAN，见表31-1。

表 31-1

交 换 机	VLAN	端 口 成 员	IP
交换机A	10	24	10.1.157.1/24
	100	1	192.168.100.2/24
	20	9~16	192.168.20.1/24
交换机B	10	24	10.1.157.2/24
	100	1	192.168.100.3/24
	30	9~16	192.168.30.1/24

3）计算机1~计算机4的网络设置见表31-2。

表 31-2

设 备	IP 地 址	网 关	子 网 掩 码
计算机1	192.168.100.101	192.168.100.1	255.255.255.0
计算机2	192.168.100.102	192.168.100.1	255.255.255.0
计算机3	192.168.20.2	192.168.10.1	255.255.255.0
计算机4	192.168.30.2	192.168.20.1	255.255.255.0

4）验证。

无论拔掉192.168.100.1的网线还是192.168.100.2的网线，计算机1和计算机2不需要改变网络设置就可以与计算机3及计算机4通信，则证明HSRP正常工作。

7. 实现步骤

1）交换机全部恢复出厂设置，配置交换机的VLAN信息。

交换机A：

switchA#conf
switchA(Config)#vlan10
switchA(Config-vlan10)#switchport interface ethernet0/0/24
switchA(Config-vlan10)#exit
switchA(Config)#vlan100
switchA(Config-vlan100)#switchport interface ethernet0/0/1
switchA(Config-vlan100)#exit
switchAA(Config)#vlan20
switchA(Config-vlan10)#switchprt interface ethernet0/0/8-16
switchA(Config-vlan10)#exit

交换机B：

switchB#conf
switchB(Config)#vlan10
switchB(Config-vlan10)#switchport interface ethernet0/0/24
switchB(Config-vlan10)#exit
switchD(Config)#vlan100
switchB(Config-vlan100)#switchport interface ethernet 0/0/1
switchB(Config-vlan100)#exit
switchB(Config)#vlan20
switchB(Config-vlan20)#switchport interface ethernet 0/0/8-16
switchB(Config-vlan20)#exit

2）配置交换机各VLAN虚接口的IP地址。

交换机A：

switchA(Config)#int vlan10
switchA(Config-If-vlan10)#ip address 10.1.157.1 255.255.255.0
switchA(Config-If-vlan10)#no shut
switchA(Config-If-vlan10)#exit
switchA(Config)#int vlan100
switchA(Config-If-vlan100)#ip address 192.168.100.2 255.255.255.0
switchA(Config-If-vlan100)#no shut
switchA(Config-If-vlan100)#exit

switchA(Config)#int vlan20

switchA(Config-If-vlan20)#ip address 192.168.20.1 255.255.255.0

switchA(Config-If-vlan20)#no shut

switchA(Config-If-vlan20)#exit

交换机B：

switchB(Config)#int vlan10

switchB(Config-If-vlan10)#ip address 10.1.157.2 255.255.255.0

switchB(Config-If-vlan10)#no shut

switchB(Config-If-vlan10)#exit

switchB(Config)#int vlan100

switchB(Config-If-vlan100)#ip address 192.168.100.3 255.255.255.0

switchB(Config-If-vlan100)#exit

switchB(Config)#int vlan30

switchB(Config-If-vlan30)#ip address 192.168.30.1 255.255.255.0

switchB(Config-If-vlan30)#exit

switchB(Config)#

验证配置：

使用计算机1、计算机2 ping 192.168.100.2 和192.168.100.3验证结果，都是通的。

使用计算机1、计算机2 ping 192.168.100.1 是不通的，因为此时192.168.100.1还是不存在的。

3）交换机A与交换机B互通（配置默认路由）。

交换机A：

switchA(Config)#ip route 0.0.0.0 0.0.0.0 10.1.157.2

交换机B：

switchB(Config)#ip route 0.0.0.0 0.0.0.0 10.1.157.1

验证配置：

在交换机A中ping 192.168.30.1，在交换机B中ping 192.168.20.1，如果都通，则配置正确。

4）配置HSRP。

交换机A：

switchA(Config)#interface vlan100

switchA(Config-If-vlan100)#standby 100 ip 192.168.100.1

switchA(Config-If-vlan100)#standby 100 authentication HS

switchA(Config-If-vlan100)#standby 100 priority 20

switchA(Config-If-vlan100)#standby 100 preempt

!在正常状况下，VLAN100的数据由5650-A传输。当5650-A发生故障时，则由5650-B担负起传输任务。若不配置抢占模式，当5650-A恢复正常后，则仍由5650-B传输。配置抢占模式后，正常后的5650-A会再次夺取对VLAN100的控制权。

switchA(Config-If-vlan100)#exit

switchA(Config)#

交换机B：

switchB(Config)#interface vlan100

switchB(Config-If-vlan100)#standby 100 ip 192.168.100.1

switchB(Config-If-vlan100)#standby 100 authentication HS

switchB(Config-If-vlan100)#standby 100 priority 10

switchB(Config-If-vlan100)#

验证配置：

switchA#show standby

****

Vlan100 - Group100

Local state is STANDBY (interface up) ,priority 20(Config)

Hello time 3 sec, hold time 10 sec(Default)

Authentication is HS

Preemption disabled

Virtual IP address is 192.168.100.1

Active router is 192.168.100.3,priority 10 (expires in 8 sec)

Standby router is local,Priority 20 (default 100)

****

switchA#

由此可见：HSRP已经成功建立，并且Master的机器是switchA，因为它的优先级是20，高于switchB的优先级10。

5）验证案例。

① 使用计算机1和计算机2 ping目的地址，见表31-3。

表 31-3

计算机	ping	结 果	原 因
计算机1、计算机2	192.168.100.1	通	
计算机1、计算机2	计算机3、计算机4	通	

② 在计算机1使用"ping 192.168.100.1 -t"命令，并且在过程中拔掉192.168.100.3的网线，观察情况。

8. 注意事项和排错

➤ 在配置和使用HSRP时，可能会由于物理连接、配置错误等原因导致HSRP不能正常运行。因此，用户应注意以下几点：

① 保证物理连接正确无误。

②保证接口和链路协议是UP（使用"show interface"命令）。

③确保在接口上已启动了HSRP。

④检查同一备份组内的不同交换机认证是否相同。

⑤检查同一备份组内的不同交换机配置的timer时间是否相同。

⑥检查虚拟IP地址是否和接口真实IP地址在同一网段内。

9. 案例总结

热备份路由协议（HSRP）的目的在于使主机看上去只使用了一个路由器，并且即使在它当前所使用的首跳路由器失败的情况下仍能够保持路由的连通性。

10. 共同思考

热备份路由器可以同时运行多少台，路由器与路由器之间是什么关系？

11. 课后练习

配置图31-1所示的案例，分析HSRP的工作原理。

案例32 交换机VRRP案例

1. 知识点回顾

使用VRRP虚拟路由器冗余协议的好处是有更高的默认路径的可用性,无须在每个终端主机上配置动态路由或路由发现协议。VRRP包封装在IP包中发送。

2. 案例目的

➤ 熟悉VRRP的使用方式和配置方法。
➤ 了解VRRP的适用场合。

3. 应用环境

VRRP和HSRP具有类似的功能,在实现方法上略有不同。VRRP由IETF提出,是一个标准协议;HSRP是由CISCO公司制定的。

VRRP(Virtual Router Redundancy Protocol,虚拟路由器冗余协议)是 种容错协议,运行于局域网的多台路由器上,它将这几台路由器组织成一台"虚拟"路由器,或称为一个备份组(Standby Group)。在VRRP备份组内,总有一台路由器或以太网交换机是活动路由器(Master),它完成"虚拟"路由器的工作;该备份组中的其他路由器或以太网交换机作为备份路由器(Backup),随时监控Master的活动。当原有的Master出现故障时,各Backup将自动选举出一个新的Master来接替其工作,继续为网段内各主机提供路由服务。由于这个选举和接替阶段短暂而平滑,因此网段内各主机仍然可以正常地使用虚拟路由器,实现不间断地与外界保持通信。

4. 设备需求

➤ 交换机两台。
➤ HUB或交换机1台。
➤ 计算机2~4台。
➤ Console线1~2根。

> ➢ 直通网线若干根。

5. 案例拓扑

案例拓扑图如图32-1所示。

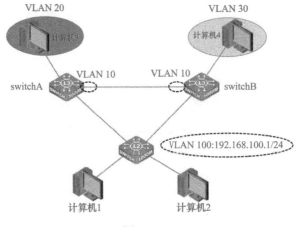

图 32-1

6. 案例需求

1）按照图32-1搭建网络。

2）在交换机A和交换机B上分别划分基于端口的VLAN，见表32-1。

表 32-1

交 换 机	VLAN	端 口 成 员	IP
交换机A	10	24	10.1.157.1/24
	100	1	192.168.100.2/24
	20	9～16	192.168.20.1/24
交换机B	10	24	10.1.157.2/24
	100	1	192.168.100.3/24
	30	9～16	192.168.30.1/24

3）计算机1～计算机4的网络设置见表32-2。

表 32-2

设 备	IP 地 址	网 关	子 网 掩 码
计算机1	192.168.100.101	192.168.100.1	255.255.255.0
计算机2	192.168.100.102	192.168.100.1	255.255.255.0
计算机3	192.168.20.2	192.168.20.1	255.255.255.0
计算机4	192.168.30.2	192.168.30.1	255.255.255.0

4）验证。

无论拔掉192.168.100.2的网线还是192.168.100.3的网线，计算机1和计算机2不需要改变网络设置就可以与计算机3、计算机4进行通信，则证明VRRP正常工作。

7. 实现步骤

1）交换机全部恢复出厂设置，配置交换机的VLAN信息（同案例31）。

2）配置交换机各VLAN虚接口的IP地址（同案例31）。

3）交换机A与交换机B互通（同案例31）。

验证配置：

在交换机A中ping 192.168.30.1 ，在交换机B中ping 192.168.20.1，如果都通，则配置正确。

4）配置VRRP。

交换机A：

switchA(config)#router vrrp 1

switchA(config-router)# virtual-ip 192.168.100.1

switchA(config-router)#priority 150

switchA(config-router)# interface vlan100

switchA(config-router)# enable

交换机B：

switchB(config)#router vrrp 1

switchB(config-router)# virtual-ip 192.168.100.1

switchA(config-router)#priority 50

switchA(config-router)#preempt-mode false　　　　　!VRRP默认为抢占模式，关闭优先级低的5650-B的抢占模式以保证高优先级的5650-A在故障恢复后，能主动抢占成为活动路由。

switchB(config-router)# interface vlan100

switchB(config-router)# enable

验证配置：

switchA# show vrrp

VrId 1

 State is Master

 Virtual IP is 192.168.100.1 (Not IP owner)

 Interface is vlan100

 Priority is 150

 Advertisement interval is 1 sec

 Preempt mode is TRUE

由此可见：VRRP已经成功建立，并且Master的机器是5650-A。

5）验证案例。

① 使用计算机1和计算机2 ping目的地址，见表32-3。

表 32-3

计算机	ping	结 果	原 因
计算机1、计算机2	192.168.100.1	通	
计算机1、计算机2	计算机3、计算机4	通	

② 在计算机1使用"ping 192.168.100.1 -t"命令，并且在过程中拔掉192.168.100.3的网线，观察情况。

8. 注意事项和排错

➤ 在配置和使用VRRP时，可能会由于物理连接、配置错误等原因导致VRRP不能正常运行。因此，用户应注意以下要点：

① 保证物理连接正确无误。

② 保证接口和链路协议是UP（使用"show interface"命令）。

③ 确保在接口上已启动了VRRP。

④ 检查同一备份组内的不同路由器（或三层以太网交换机）认证是否相同。

⑤ 检查同一备份组内的不同路由器（或三层以太网交换机）配置的clock时间是否相同。

⑥ 检查虚拟IP地址是否和接口真实IP地址在同一网段内。

9. 案例总结

使用VRRP，可以通过手动或DHCP设定一个虚拟IP地址作为默认路由器。虚拟IP地址在路由器间共享，其中一个指定为主路由器，其他的则为备份路由器。如果主路由器不可用，则这个虚拟IP地址就会映射到一个备份路由器的IP地址（这个备份路由器就成了主路由器）。

10. 共同思考

分析VRRP和HSRP的相同点和不同点。

11. 课后练习

配置图32-1所示的案例，分析VRRP的工作原理。

案例33 交换机组播三层对接案例

1. 知识点回顾

当信息（包括数据、语音和视频）传送的目的地是网络中的少数用户时，可以采用多种传送方式。采用单播（Unicast）的方式，即为每个用户单独建立一条数据传送通路；采用广播（Broadcast）的方式，把信息传送给网络中的所有用户，不管他们是否需要，都会接收到广播的信息。例如，当一个网络上有200个用户需要接收相同的信息时，传统的解决方案是用单播方式把这一信息分别发送200次，以便确保需要数据的用户能够得到所需的数据；或者采用广播的方式，在整个网络范围内传送数据，需要这些数据的用户可直接在网络上获取。这两种方式都浪费了大量宝贵的带宽资源，而且广播方式也不利于信息安全和保密。

IP组播技术的出现及时解决了这个问题。组播源仅发送一次信息，组播路由协议为组播数据包建立树形路由，被传递的信息在尽可能远的分叉路口才开始复制和分发，信息能够被准确、高效地传送到每个需要它的用户。

2. 案例目的

➤ 了解组播的概念。
➤ 了解DVMRP的特点。
➤ 学会DVMRP应用的相关设置。

3. 应用环境

本案例介绍的是在三层环境下的组播对接案例。本案例以目前常用的DVMRP（Distance Vector Multicast Routing Protocol，距离向量组播路由协议）为例。它是一种密集模式的组播路由协议，采用类似RIP方式的路由交换给每个源建立了一个转发广播树，然后通过动态的剪枝/嫁接给每个源建立起一个截断广播树，也就是到源的最短路径树。通过反向路径检查（RPF）来决定组播包是否应该被转发到下游。

4. 设备需求

➢ 交换机两台。
➢ 计算机2～4台。
➢ Console线1～2根。
➢ 网线若干。

5. 案例拓扑

案例拓扑图如图33-1所示。

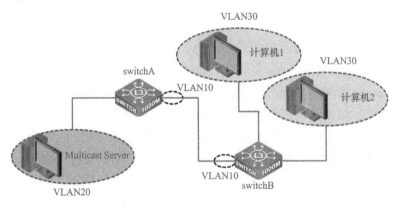

图 33-1

6. 案例需求

1）按照图33-1搭建网络。
2）在交换机上划分基于端口的VLAN，见表33-1。

表 33-1

交 换 机	VLAN	端 口 成 员	IP	连 接
交换机A	10	e0/0/24	192.168.10.1/24	交换机B e0/0/24
交换机A	20	e0/0/9	192.168.20.1/24	192.168.20.2/24
交换机B	10	e0/0/24	192.168.10.2/24	交换机A e0/0/24
交换机B	30	e0/0/9	192.168.30.1/24	192.168.30.2/24

3）所有计算机都是组播客户端，在组播服务器上运行服务器软件Wsend.exe，在计算机客户端软件Wsend.exe上查看组播状态。

7. 实现步骤

1）交换机全部恢复出厂设置，配置交换机的VLAN信息。

交换机A：

switchA(Config)#vlan10

switchA(Config-vlan10)#switchport interface ethernet 0/0/24

switchA(Config-vlan10)#exit

switchA(Config)#int vlan 10

switchA(Config-If-vlan10)#ip add 192.168.10.1 255.255.255.0

switchA(Config-If-vlan10)#exit

switchA(Config)#vlan20

switchA(Config-vlan20)#switchport interface ethernet 0/0/9

switchA(Config-vlan10)#exit

switchA(Config)#int vlan20

switchA(Config-If-vlan20)#ip add 192.168.20.1 255.255.255.0

switchA(Config-If-vlan20)#exit

switchA(Config)#

交换机B：

switchB(Config)#vlan10

switchB(Config-vlan10)#switchport interface ethernet 0/0/24

switchB(Config-vlan10)#exit

switchB(Config)#int vlan10

switchB(Config-If-vlan10)#ip add 192.168.10.2 255.255.255.0

switchB(Config-If-vlan10)#exit

switchB(Config)#vlan30

switchB(Config-vlan30)#switchport interface ethernet 0/0/9

switchB(Config-vlan30)#exit

switchB(Config)#int vlan30

switchB(Config-If-vlan30)#ip add 192.168.30.1 255.255.255.0

switchB(Config-If-vlan30)#exit

switchB(Config)#

2）使交换机互通。

交换机A：

switchA(Config)#ip route 0.0.0.0 0.0.0.0 192.168.10.2

switchA(Config)#

交换机B：

switchB(Config)#ip route 0.0.0.0 0.0.0.0 192.168.10.1

switchB(Config)#

3）启动DVMRP。

交换机A：

switchA(Config)ip dvmrp multicast-routing　　！开启组播协议

switchA(Config)#int vlan10

switchA(Config-If-vlan1)#ip dvmrp enable　　　　！在VLAN接口上开启DVMRP

```
switchA(Config-If-vlan1)#exit
switchA(Config)#int vlan20
switchA(Config-If-vlan20)#ip dvmrp enable
switchA(Config-If-vlan20)#
switchA(Config-If-vlan20)#exit
switchA(Config)#
```

交换机B：
```
switchB(Config)ip dvmrp multicast-routing
switchB(Config)#int vlan10
switchB(Config-If-vlan10)#ip dvmrp enable
switchB(Config-If-vlan10)#exit
switchB(Config)#int vlan30
switchB(Config-If-vlan30)#ip dvmrp enable
switchB(Config-If-vlan30)#exit
switchB(Config)#
```
验证配置：
```
show ip dvmrp neighbor
show ip dvmrp route
```

8. 注意事项和排错

DVMRP的一些重要特性如下：
➢ 用于决定反向路径检查信息的路由交换是以距离向量为基础的（方式与RIP相似）路由交换，路由更新周期性地发生（默认为60s）。
➢ TTL上限＝32跳（而RIP是16）。
➢ 路由更新包括掩码，支持CIDR。

9. 案例总结

本案例要在实现全网互通的基础上运行组播协议，完成一个组播源向多个组播接收者分发数据。同时，还要了解组播路由协议的工作过程，学会用命令查看一些相关信息。

10. 共同思考

DVMRP的作用是什么，一般用在什么地方？

11. 课后练习

自己动手完成基本的案例配置并观察案例结果。

案例34　交换机组播二层对接案例

1. 知识点回顾

组播路由协议包括多种，由于PIM无须收发组播路由更新，所以与其他组播协议相比，PIM开销降低了许多。PIM的设计出发点是：在互联网范围内同时支持SPT和共享树，并使两者之间灵活转换，因而集中了它们的优点，提高了组播效率。PIM定义了两种模式：密集模式（Dense-Mode）和稀疏模式（Sparse-Mode）。

2. 案例目的

扫码看视频

➢ 了解组播的概念。
➢ 了解PIM-DM的特点。
➢ 学会PIM-DM组播协议应用的相关设置。
➢ 了解组播接入层交换机的配置要点。

3. 应用环境

在本案例中，以PIM-DM为例，完成在现实环境中使用最为广泛的二层对接环境模拟。

PIM-DM（Protocol Independent Multicast-Dense Mode，协议独立组播－密集模式）属于密集模式的组播路由协议，适用于小型网络。在这种网络环境下，组播组的成员相对比较密集。

4. 设备需求

➢ 多层交换机1台。
➢ 二层交换机1台。
➢ 计算机2～4台。
➢ Console线1～2根。

➢ 网线若干。

➢ 组播测试软件：发送端、接收端。

5. 案例拓扑

案例拓扑图如图34-1所示。

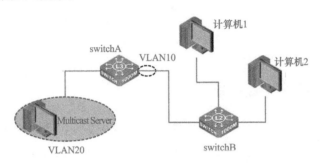

图 34-1

6. 案例需求

1）按照图34-1搭建网络。

2）在交换机C上划分基于端口的VLAN，见表34-1。

表 34-1

VLAN	端 口 成 员	IP	连 接
10	e0/0/24	192.168.10.0/24	交换机e0/0/24
20	e0/0/9	192.168.20.0/24	组播服务器

3）所有的计算机都是组播客户端，在组播服务器上运行服务器软件Wsend.exe，在计算机客户端软件Wsend.exe上查看组播状态。

7. 实现步骤

1）在三层交换机上恢复出厂设置，配置交换机的VLAN信息。

switch(Config)#vlan10

switch(Config-vlan2)#switchport interface ethernet 0/0/24

Set the port Ethernet0/0/24 access vlan 2 successfully

switch(Config-vlan2)#exit

switch(Config)#vlan 20

switch(Config-vlan20)#switchport interface ethernet 0/0/9

Set the port Ethernet0/0/9 access vlan 20 successfully

switch(Config-vlan20)#exit

```
switch(Config)#
switch(Config)#interface vlan10
switch(Config-If-vlan10)#ip address 192.168.10.1 255.255.255.0
switch(Config-If-vlan10)#exit
switch(Config)#interfacevlan 20
switch(Config-If-vlan20)#ip address 192.168.20.1 255.255.255.0
switch(Config-If-vlan20)#exit
```

2）三层交换机启动PIM-DM。

```
switch(Config)#ip pim multicast-routing            ！使能组播协议
switch(Config)#int vlan10
switch(Config-If-vlan10)#ip pim dense-mode          ！启动本接口PIM-DM协议
switch(Config-If-vlan10)#exit
switch(Config)#int vlan 20
switch(Config-If-vlan20)#ip pim dense-mode
switch(Config-If-vlan20)#exit
switch(Config)#
```

3）二层交换机启动IGMP侦听。

在二层交换机启动指定VLAN的IGMP Snooping功能，二层交换机默认接受组播数据，可以不做配置，这样组播数据会按照广播的形式传送。以下以VLAN1为例。

其他二层功能参考前面的案例，先配置VLAN信息、Trunk端口等，与三层交换机连通，再进行如下配置：

```
switch(Config)#ip igmp snooping                ！启动 IGMP Snooping功能
switch(Config)#ip igmp snooping vlan 1          ！指定VLAN的IGMP Snooping
IGMP snooping is started on vlan 1
switch(Config)#
```

验证配置：

```
switch#sh ip igmp groups
IGMP Connected Group Membership (1 group(s) joined)
Group Address     Interface          Uptime     Expires    Last Reporter
229.55.66.1       vlan10             00:00:22   00:04:08   192.168.10.2

switch#show ip pim mroute dense-mode
IP Multicast Routing Table

(*,G) Entries: 1
(S,G) Entries: 1

(*, 229.55.66.1)
  Local   1...
```

(192.168.20.2, 229.55.66.1)

RPF nbr: 0.0.0.0

RPF idx: vlan20

Upstream State: FORWARDING

OriginState: ORIGINATOR

　Local　　...

　Pruned　　...

　Asserted　...

　Outgoing　o...

8.　注意事项和排错

PIM-DM的工作过程如下：

➤ 邻居发现：PIM-DM路由器刚开始启动时，需要使用Hello报文来发现邻居。

➤ 扩散/剪枝过程（Flooding&Prune）：采用RPF检查，利用现存的单播路由表构建一棵从数据源始发的组播转发树。

➤ 嫁接（Graft）：当被剪枝的下游结点需要恢复到转发状态时，该结点使用嫁接报文通知上游结点恢复组播数据转发。

9.　案例总结

本案例应用了PIM-DM。它属于密集模式协议，采用了"扩散/剪枝"机制，实现了组播路由的传递。IGMP（Internet Group Management Protocol，互联网组管理协议）是运用在组播接收者和组播分发器之间的应用协议。

10.　共同思考

PIM包括PIM-DM和PIM-SM两种，讨论两种协议的工作机制有什么不同。

11.　课后练习

自行搭建网络拓扑图，完成案例并查看案例效果。

案例35 多层交换机QoS案例

1. 知识点回顾

QoS（Quality of Service，服务品质保证）是指一个网络能够利用各种各样的技术向选定的网络通信提供更好的服务的能力。QoS提供稳定、可预测的数据传送服务，来满足使用程序的要求，QoS不能产生新的带宽，但是它可以将现有的带宽资源做一个最佳的调整和配置，即可以根据应用的需求以及网络管理的设置来有效地管理网络带宽。

2. 案例目的

➢ 理解交换机中实现QoS的方法。
➢ 掌握QoS的配置过程。

3. 应用环境

QoS是网络的一种安全机制，是用来解决网络延迟和阻塞等问题的一种技术。在正常情况下，如果网络只用于特定的无时间限制的应用系统，则不需要QoS，如Web应用或E-mail设置等，但是对关键应用和多媒体应用就十分必要。当网络过载或拥塞时，QoS 能确保重要业务量不受延迟或被丢弃，同时保证网络高效运行。

4. 设备需求

➢ 交换机1台。
➢ 计算机2~4台。
➢ Console线1根。
➢ 直通网线若干。

5. 案例拓扑

案例拓扑图如图35-1所示。

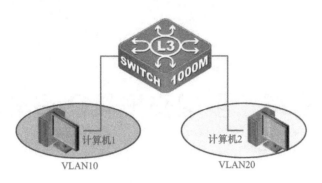

图 35-1

6. 案例需求

1）按照图35-1搭建网络。

2）在交换机上划分两个基于端口的VLAN：VLAN10和VLAN20，见表35-1。

表 35-1

VLAN	端 口 成 员	IP 地 址
10	0/0/1～8	192.168.10.1/24
20	0/0/9～16	192.168.20.1/24

3）计算机的网络设置见表35-2。

表 35-2

设 备	IP	网 关 2
计算机1	192.168.10.2/24	192.168.10.1
计算机2	192.168.20.2/24	192.168.20.1

4）实施QoS策略，使来自192.168.10.2/24的FTP报文带宽限制为1Mbit/s，突发值设为1MB，超过带宽的该网段内的报文一律丢弃。

7. 实现步骤

1）交换机全部恢复出厂设置，创建VLAN并添加端口。

switch(Config)#vlan10

switch(Config-vlan10)#switchport interface e 0/0/1-8

switch(Config-vlan10)#exit

switch(Config)#vlan20

switch(Config-vlan20)#switchport interface ethernet 0/0/9-16

switch(Config-vlan20)#exit

switch(Config)#

2）添加VLAN地址。

switch(Config)#int vlan10

switch(Config-If-vlan10)#ip address 192.168.10.1 255.255.255.0

switch(Config-If-vlan10)#no shut

switch(Config-If-vlan10)#exit

switch(Config)#int vlan20

switch(Config-If-vlan20)#ip address 192.168.20.1 255.255.255.0

switch(Config-If-vlan20)#exit

switch(Config)#

3）配置QoS。

① 启动QoS功能：在全局下启动和关闭QoS功能。必须在全局下启动QoS功能后才能配置其他QoS命令。

switch(Config)#mls qos

switch(Config)#

② 本案例中，因为要针对特定协议做QoS，所以首先配置一个名字为ftp_acl的ACL。

switch(Config)#firewall enable

switch(Config)#ip access-list extended ftp_acl

switch(Config-IP-Ext-Nacl-ftp_acl)#permit tcp any-source any-destination d-port 21

switch(Config-IP-Ext-Nacl-ftp_acl)#deny ip any-source any-destination

switch(Config-IP-Ext-Nacl-ftp_acl)#exit

switch(Config)#

③ 置分类表（classmap）：建立一个分类规则，可以按照ACL、VLAN ID、IP Precedent、DSCP来分类。本案例中使用刚建好的ACL来分类。

switch(Config)#class-map ftp_class

switch(Config-ClassMap)#match access-group ftp_acl

switch(Config-ClassMap)#exit

switch(Config)#

④ 配置策略表（policymap）：建立一个策略表，可以对相应的分类规则进行带宽限制、优先级降低等操作。

switch(Config)#policy-map qos_ftp

switch(Config-PolicyMap)#class ftp_class

switch(Config-Policy-Class)#police 1000 1000 exceed-action drop

switch(Config-Policy-Class)#exit

switch(Config-PolicyMap)#exit

switch(Config)#

⑤ 将QoS应用到端口：配置端口的信任模式或者绑定策略。策略只有绑定到具体的端口才在此端口生效。

switch(Config)#interface ethernet 0/0/1

switch(Config-Ethernet0/0/6)#service-policy input qos_ftp

switch(Config-Ethernet0/0/6)#exit

switch(Config)#

验证配置:

在FTP Server端放置大小约为14MB的测试文件,如图35-2所示。

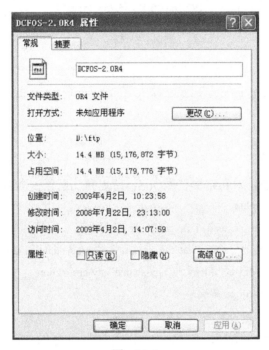

图 35-2

在端口应用QoS策略前后观察客户端下载同一文件所用的时间,直观观察速率变化,如图35-3所示。

图 35-3

4)结论。

综合以上分析,得知本试验的数据将以图35-4所示的方式进行处理。

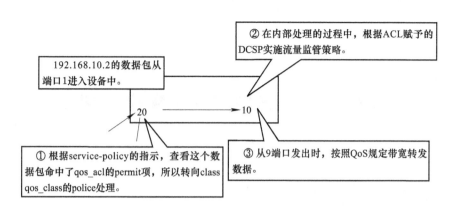

图 35-4

8. 注意事项和排错

➢ 交换机端口默认关闭QoS，默认设置8条发送队列，队列1转发普通的数据包，其他队列分别发送一些重要的控制报文（BPDU等）。

➢ 在使能全局QoS后，所有交换机端口打开QoS功能，设置8条发送队列。端口的默认CoS值为0，端口为not Trusted（不信任）状态，默认优先级队列的weights值依次为1、2、3、4、5、6、7、8，所有的QoS Map都采用默认值。

➢ CoS值7默认映射到最高优先级队列8，通常保留给某些协议报文使用。建议用户不要随意改变CoS值7到队列8的映射关系，端口的默认CoS值通常也不要设置为7。

➢ 目前策略表只支持绑定到入口，对出口不支持。

9. 案例总结

在网络总带宽固定的情况下，如果某类业务占用的带宽多，那么其他业务能使用的带宽就少，可能会影响其他业务的使用。因此，网络管理者需要根据各种业务的特点来对网络资源进行合理的规划和分配，从而使网络资源得到高效利用。

10. 共同思考

请分析DSCP、CoS、Precedent三者之间的区别与联系。

11. 课后练习

配置图35-1所示的案例，分析QoS的工作过程。

案例36 MSTP+VRRP案例

1. 知识点回顾

MSTP（Multi-Service Transfer Platform）是指基于SDH平台同时实现TDM、ATM、以太网等业务的接入、处理和传送，提供统一网管的多业务节点。多生成树（MST）使用修正的快速生成树（RSTP）协议，叫作多生成树协议（MSTP）。

使用VRRP（Virtual Router Redundancy Protocol，虚拟路由器冗余协议）的好处是有更高的默认路径的可用性，无须在每个终端主机上配置动态路由或路由发现协议。 VRRP 包封装在IP包中发送。

2. 案例目的

➢ 复习各种备份技术，综合使用，提高网络可靠性。
➢ 充分利用设备，使用负载均衡。

3. 应用环境

在前面的案例中，介绍了基于MSTP、VRRP、HSRP等技术的冗余备份技术，但是在实际的环境中，由于每种冗余技术都工作在特定层面上，因此在实际应用时需要结合使用多种冗余技术才能真正保证网络的可靠性。例如，采用生成树协议只能做到链路级备份，无法做到网关级备份，而MSTP与VRRP结合就可以同时做到链路级备份与网关级备份，极大地提高了网络的健壮性。在本案例中将为大家介绍一个冗余技术综合运用的实例，使用MSTP+VRRP来实现基于VLAN的链路冗余和网关冗余。本案例模拟了某企业内部网络，使用了汇聚层备份技术，不但提高了网络可用性，而且起到了充分利用设备、达到负载均衡的目的。

4. 设备需求

➢ 交换机3台。
➢ 二层交换机两台。
➢ 计算机2~4台。
➢ Console线1~2根。

➢ 直通网线若干根。

5. 案例拓扑

案例拓扑图如图36-1所示。

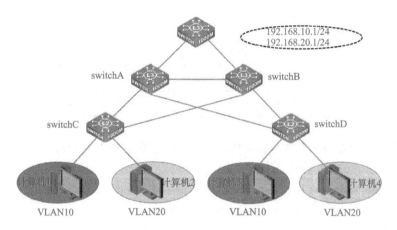

图　36-1

6. 案例需求

1）按照图36-1搭建网络。

2）在交换机A、交换机B、交换机C、交换机D上分别划分基于端口的VLAN，见表36-1。

表　36-1

交　换　机	VLAN	端口成员	IP
交换机A	10		192.168.10.2/24
	20		192.168.20.2/24
	100	9	192.168.100.1/24
	Trunk	1、2、28	
交换机B	10		192.168.10.3/24
	20		192.168.20.3/24
	101	9	192.168.101.1/24
	Trunk	1、2、28	
交换机C	10	5～10	
	20	11～15	
	Trunk	1、2	
交换机D	10	5～10	
	20	11～15	
	Trunk	1、2	
交换机	100	1	192.168.100.2/24
	101	2	192.168.101.2/24

其中，VLAN10为实例1，VLAN20为实例2，采用多实例生成树实现负载均衡；采用VRRP实现计算机网关的冗余备份。

3）计算机1～计算机4的网络设置见表36-2。

表 36-2

设 备	IP 地 址	网 关	子 网 掩 码
计算机1	192.168.10.101	192.168.10.1	255.255.255.0
计算机2	192.168.20.101	192.168.20.1	255.255.255.0
计算机3	192.168.10.102	192.168.10.1	255.255.255.0
计算机4	192.168.20.102	192.168.20.1	255.255.255.0

4）验证。

①无论是拔掉交换机A还是交换机B的上联线，计算机均不需要改变网络设置就可以保持正常通信，则证明VRRP正常工作。

②通过"show spanning tree"命令观察多实例生成树的阻塞和转发情况，是否实现：实例1以switchA为根、实例2以switchB为根的负载均衡。

7. 实现步骤

1）交换机全部恢复出厂设置，配置各交换机的二层基本信息。

交换机A：

```
switchA(config)#vlan10
switchA(Config-vlan10)#exit
switchA(config)#vlan20
switchA(Config-vlan20)#exit
switchA(config)#vlan100
switchA(Config-vlan100)#switchport interface ethernet 0/0/9
switchA(Config-vlan100)#exit
switchA(config)#interface ethernet 0/0/1-2;28
switchA(Config-If-Port-Range)#switchport mode trunk
switchA(Config-If-Port-Range)#exit
switchA(config)#
```

交换机B：

配置同交换机A。

交换机C：作为接入层，只需做一些基本的VLAN配置即可。

```
switchC(config)#vlan10
switchC(Config-vlan10)#switchport interface ethernet 0/0/5-10
```

switchC(Config-vlan10)#exit

switchC(config)#vlan20

switchC(Config-vlan20)#switchport interface ethernet 0/0/11-15

switchC(Config-vlan20)#exit

switchC(config)#interface ethernet 0/0/1-2

switchC(Config-If-Port-Range)#switchport mode trunk

switchC(Config-If-Port-Range)#exit

switchC(config)#

交换机D：作为接入层，只需做一些基本的VLAN配置即可。

配置同交换机C。

交换机：

switch(Config)#vlan100

switch(Config-vlan100)#switchport interface ethernet 0/0/1

switch(Config-vlan100)#exit

switch(Config)#vlan101

switch(Config-vlan101)#switchport interface ethernet 0/0/2

switch(Config-vlan101)#exit

switch(Config)#

2）配置多实例生成树，在交换机A、交换机B、交换机C、交换机D上分别将VLAN 10映射到实例1上；将VLAN 20映射到实例2上。

交换机switchA：

switchA(Config)#spanning-tree mst configuration

switchA(Config-Mstp-Region)#name mstp

switchA(Config-Mstp-Region)#instance 1 vlan 10

switchA(Config-Mstp-Region)#instance 2 vlan 20

switchA(Config-Mstp-Region)#exit

switchA(Config)#spanning-tree

交换机B、交换机C、交换机D的配置同交换机A。

3）配置不同实例的优先级，确保交换机A成为实例1的根交换机，交换机B成为实例2的根交换机。

switchA(Config)#spanning-tree mst 1 priority 0

switchA(Config)#spanning-tree mst 2 priority 4096

switchB(Config)#spanning-tree mst 1 priority 4096

switchB(Config)#spanning-tree mst 2 priority 0

验证配置：

按照案例拓扑连接线路，用"show spanning-tree mst"命令观察各实例，确认按照案例要求选举的根交换机和各阻塞端口。

4）配置交换机三层接口IP地址。

switchA(Config)#interface vlan10

switchA(Config-If-vlan10)#ip address 192.168.10.2 255.255.255.0

switchA(Config-If-vlan10)#exit

switchA(Config)#interface vlan20

switchA(Config-If-vlan20)#ip address 192.168.20.2 255.255.255.0

switchA(Config-If-vlan20)#exit

switchA(Config)#interface vlan100

switchA(Config-If-vlan100)#ip address 192.168.100.1 255.255.255.0

switchA(Config-If-vlan100)#exit

switchA(Config)#

switchB(Config)# interface vlan10

switchB(Config-If-vlan10)#ip address 192.168.10.3 255.255.255.0

switchB(Config-If-vlan10)#exit

switchB(Config)# interface vlan20

switchB(Config-If-vlan20)#ip address 192.168.20.3 255.255.255.0

switchB(Config-If-vlan20)#exit

switchB(Config)# interface vlan101

switchB(Config-If-vlan101)#ip address 192.168.101.1 255.255.255.0

switchB(Config-If-vlan101)#exit

switchB(Config)#

switch(Config)#interface vlan100

switch(Config-If-vlan100)#ip address 192.168.100.2 255.255.255.0

switch(Config-If-vlan100)#exit

switch(Config)#interface vlan101

switch(Config-If-vlan101)#ip address 192.168.101.2 255.255.255.0

switch(Config-If-vlan101)#exit

switch(Config)#

5）配置VRRP。

交换机A：

switchA(config)#router vrrp 1

switchA(config-router)# virtual-ip 192.168.10.1 ! 配置虚拟IP做该段网关

switchA(config-router)#priority 150 ! 配置该组在本交换机上的优先级，优先级高的成为master

switchA(config-router)# interface vlan10 ! 应用到VLAN10

switchA(config-router)# enable   ! 使能VRRP

switchA(config)#router vrrp 2
switchA(config-router)# virtual-ip 192.168.20.1   ! 配置虚拟IP做该段网关
switchA(config-router)#priority 50   ! 配置该组在本交换机上的优先级，优先
                  级低的成为backup

switchA(config-router)#preempt-mode false   ! 关闭该组在本交换机上的抢占模式，在
                  正常状况下，VLAN20的数据由switchB
                  传输。当switchB发生故障时，则由
                  SWITCHA担负起传输任务。若不关闭抢
                  占模式，在switchB恢复正常后，则仍由
                  switchA传输。关闭抢占模式后，正常后的
                  switchB会再次夺取对VLAN20的控制权。

switchA(config-router)# interface vlan20   ! 应用到VLAN20
switchA(config-router)# enable   ! 使能VRRP

交换机B：
switchB(config)#router vrrp 1
switchB(config-router)# virtual-ip 192.168.10.1
switchA(config-router)#priority 50
switchA(config-router)#preempt-mode false
switchB(config-router)# interface vlan100
switchB(config-router)# enable

switchA(config)#router vrrp 2
switchA(config-router)# virtual-ip 192.168.20.1
switchA(config-router)#priority 150
switchA(config-router)# interface vlan20
switchA(config-router)# enable

验证配置：
switchA# show vrrp
VrId 1
 State is Master
 Virtual IP is 192.168.10.1 (Not IP owner)
 Interface is vlan10
 Priority is 150
 Advertisement interval is 1 sec
 Preempt mode is TRUE
VrId 2

State is Backup

Virtual IP is 192.168.20.1 (Not IP owner)

Interface is vlan20

Priority is 50

Advertisement interval is 1 sec

Preempt mode is FALSE

switchB#show vrrp

VrId 1

State is Master

Virtual IP is 192.168.10.1 (Not IP owner)

Interface is vlan10

Priority is 50

Advertisement interval is 1 sec

Preempt mode is FALSE

VrId 2

State is Master

Virtual IP is 192.168.20.1 (Not IP owner)

Interface is vlan20

Priority is 150

Advertisement interval is 1 sec

Preempt mode is TRUE

由此可见：VRRP已经成功建立，并且实例1的Master的机器是switchA，实例2的机器是switchB。

6）配置上层交换机，拓扑中的最上层的交换机作为核心层，执行转发功能，本案例采用OSPF动态路由。

交换机switch：

switch(config)#router ospf

switch(config-router)#network 192.168.100.0/24 area 0

switch(config-router)#network 192.168.101.0/24 area 0

switch(config-router)#exit

交换机A：

switchA(config)#router ospf

switchA(config-router)#network 192.168.10.0/24 area 0

switchA(config-router)#network 192.168.20.0/24 area 0

switchA(config-router)#network 192.168.100.0/24 area 0

switchA(config-router)#exit

交换机B：

switchB(config)#router ospf

switchB(config-router)#network 192.168.10.0/24 area 0

switchB(config-router)#network 192.168.20.0/24 area 0

switchB(config-router)#network 192.168.101.0/24 area 0

switchB(config-router)#exit

验证配置：

① 使用"show ip router"命令查看路由表。

switchA#show ip route

Codes: K - kernel, C - connected, S - static, R - RIP, B - BGP

　　O - OSPF, IA - OSPF inter area

　　N1 - OSPF NSSA external type 1, N2 - OSPF NSSA external type 2

　　E1 - OSPF external type 1, E2 - OSPF external type 2

　　i - IS-IS, L1 - IS-IS level-1, L2 - IS-IS level-2, ia - IS-IS inter area

　　* - candidate default

C　　127.0.0.0/8 is directly connected, Loopback

C　　192.168.10.0/24 is directly connected, vlan10

C　　192.168.10.1/32 is directly connected, vlan10

C　　192.168.20.0/24 is directly connected, vlan20

C　　192.168.100.0/24 is directly connected, vlan100

O　　192.168.101.0/24 [110/11] via 192.168.100.2, vlan100, 00:06:19

switchB#show ip route

Codes: K - kernel, C - connected, S - static, R - RIP, B - BGP

　　O - OSPF, IA - OSPF inter area

　　N1 - OSPF NSSA external type 1, N2 - OSPF NSSA external type 2

　　E1 - OSPF external type 1, E2 - OSPF external type 2

　　i - IS-IS, L1 - IS-IS level-1, L2 - IS-IS level-2, ia - IS-IS inter area

　　* - candidate default

C　　127.0.0.0/8 is directly connected, Loopback

C　　192.168.10.0/24 is directly connected, vlan10

C　　192.168.10.1/32 is directly connected, vlan10

C　　192.168.20.0/24 is directly connected, vlan20

C　　192.168.20.1/32 is directly connected, vlan20

O　　192.168.100.0/24 [110/11] via 192.168.101.2, vlan101, 00:04:43

C　　192.168.101.0/24 is directly connected, vlan101

switch#show ip route

Codes: K - kernel, C - connected, S - static, R - RIP, B - BGP

  O - OSPF, IA - OSPF inter area

  N1 - OSPF NSSA external type 1, N2 - OSPF NSSA external type 2

  E1 - OSPF external type 1, E2 - OSPF external type 2

  i - IS-IS, L1 - IS-IS level-1, L2 - IS-IS level-2, ia - IS-IS inter area

  * - candidate default

C   127.0.0.0/8 is directly connected, Loopback

O   192.168.10.0/24 [110/20] via 192.168.100.1, vlan100, 00:01:56

O   192.168.10.1/32 [110/20] via 192.168.100.1, vlan100, 00:01:56

O   192.168.20.0/24 [110/20] via 192.168.100.1, vlan100, 00:01:56

O   192.168.20.1/32 [110/20] via 192.168.100.1, vlan100, 00:01:56

C   192.168.100.0/24 is directly connected, vlan100

C   192.168.101.0/24 is directly connected, vlan101

②使用计算机ping目的地址，见表36-3。

表 36-3

计算机	ping	结　果	原　因
计算机1、计算机3	192.168.10.1	通	
计算机2、计算机4	192.168.20.1	通	
计算机1、计算机2	计算机3、计算机4	通	

③在计算机1使用"ping 192.168.10.1 -t"命令，并且在过程中拔掉上联到网关的网线，观察连通和生成树情况。

8. 注意事项和排错

➤ 在案例拓扑图中，由于有多条链路产生环路，因此在案例初始时一定要将某些端口堵塞或配置完毕后再连线，否则产生环路后，会发现设备的CPU利用率会达到100%。

➤ 在配置和使用VRRP时，可能会由于物理连接、配置错误等原因导致VRRP不能正常运行。因此，用户应注意以下几点：

①保证物理连接正确无误。

②保证接口和链路协议是UP（使用"show interface"命令）。

③确保在接口上已启动了VRRP。

④检查同一备份组内的不同路由器（或三层以太网交换机）认证是否相同。

⑤检查同一备份组内的不同路由器（或三层以太网交换机）配置的timer时间是否相同。

⑥检查虚拟IP地址是否和接口真实IP地址在同一网段内。

9.　案例总结

使用MSTP+VRRP来实现基于VLAN的链路冗余和网关冗余,可以模拟某企业内部网络,不但提高了网络可用性,而且起到了充分利用设备、达到负载均衡的作用。

10.　共同思考

1)本案例采用的是OSPF进行自动拓扑发现,是否可以使用静态路由实现相同的功能?

2)采用默认路由可以实现本案例的要求吗?

3)当本案例结束后,从接入层A和B向上层发送报文时,VLAN10通过C上行,VLAN20通过D上行,由VRRP进行控制;但是下行时,观察核心层5650的路由表发现,纯粹按照C上的路由表进行发送,这样在数据上行时可以实现负载均衡,但是下行时却做不到,是否可以通过某些设置实现下行的链路选择,达到真正的负载均衡?

11.　课后练习

配置图36-1所示的案例,分析案例结果MSTP和VRRP是否可以分开单独使用。

参 考 文 献

[1] STEVENS W R. TCP/IP详解卷1：协议[M]. 吴英，张玉，许昱玮，译. 北京：机械工业出版社，2016.

[2] DOYLE J. TCP/IP路由技术：第2卷[M]. 夏俊杰，译. 北京：人民邮电出版社，2017.

[3] 沈鑫剡，魏涛，邵发明，等. 路由和交换技术[M]. 2版. 北京：清华大学出版社，2018.